MEIO AMBIENTE & MOBILIDADE URBANA

Dados Internacionais de Catalogação na Publicação (CIP)
(Jeane Passos Santana – CRB 8ª/6189)

Silva, Eduardo Fernandez
    Meio ambiente & mobilidade urbana / Eduardo Fernandez Silva.
– São Paulo : Editora Senac São Paulo, 2014. – (Série Meio Ambiente, 22 / Coordenação José de Ávila Aguiar Coimbra).

    Bibliografia.
    ISBN 978-85-396-0734-1

    1. Ciências ambientais 2. Meio ambiente 3. Mobilidade urbana
I. Coimbra, José de Ávila Aguiar. II. Título. IV. Série.

14-230s   CDD-363.7
                                                                  388.4

Índices para catálogo sistemático:

1. Ciências ambientais : Mobilidade urbana   363.7
2. Mobilidade urbana   388.4

MEIO AMBIENTE &
MOBILIDADE URBANA

EDUARDO FERNANDEZ SILVA

Coordenação
JOSÉ DE ÁVILA AGUIAR COIMBRA

Editora Senac São Paulo – São Paulo – 2014

ADMINISTRAÇÃO REGIONAL DO SENAC NO ESTADO DE SÃO PAULO
Presidente do Conselho Regional: Abram Szajman
Diretor do Departamento Regional: Luiz Francisco de A. Salgado
Superintendente Universitário e de Desenvolvimento: Luiz Carlos Dourado

EDITORA SENAC SÃO PAULO
Conselho Editorial: Luiz Francisco de A. Salgado
Luiz Carlos Dourado
Darcio Sayad Maia
Lucila Mara Sbrana Sciotti
Jeane Passos Santana

Gerente/Publisher: Jeane Passos Santana (jpassos@sp.senac.br)
Coordenação Editorial: Márcia Cavalheiro Rodrigues de Almeida (mcavalhe@sp.senac.br)
Thaís Carvalho Lisboa (thais.clisboa@sp.senac.br)
Comercial: Marcelo Nogueira da Silva (marcelo.nsilva@sp.senac.br)
Administrativo: Luís Américo Tousi Botelho (luis.tbotelho@sp.senac.br)

Edição de Texto: Vanessa Rodrigues
Preparação de Texto: Augusto Iriarte (Revisionário)
Revisão de Texto: ASA Assessoria e Comunicação, Heloisa Hernandez (coord.)
Capa: João Baptista da Costa Aguiar
Editoração Eletrônica: Antonio Carlos De Angelis
Impressão e Acabamento: Intergraf Indústria Gráfica Eireli

Proibida a reprodução sem autorização expressa.
Todos os direitos desta edição reservados à
Editora Senac São Paulo
Rua Rui Barbosa, 377 – 1º andar – Bela Vista – CEP 01326-010
Caixa Postal 1120 – CEP 01032-970 – São Paulo – SP
Tel. (11) 2187-4450 – Fax (11) 2187-4486
E-mail: editora@sp.senac.br
Home page: http://www.editorasenacsp.com.br

© Eduardo Fernandez Silva, 2014

SUMÁRIO

Nota do editor, 7

Apresentação, 9

Introdução – Mobilidade humana: qual o destino?, 21

    Um mundo com dois bilhões de carros: como seria?, 29

    Dos sonhos à ilusão e ao pesadelo, 31

O grande desafio, 35

    Excesso de peso, 41

    A percepção de que o galho pode quebrar, 44

    Evolução do transporte, 48

Onde se movem gentes e coisas, 53

    A mobilidade das águas, 56

    A mobilidade dos ventos, 61

    O uso do solo, 70

    A rede de cidades, 73

    Cidades compactas ou completas?, 77

    Viajar: demanda derivada, 80

    Cidades em rede, 92

Mobilidade das gentes e das coisas, 95

Mobilidade das gentes, 95
Automóveis, cigarros e porcos, 136
A mobilidade das coisas: caminhões, 159
Mobilidade de grandes números: ônibus e outros, 168
Razões da mobilidade, 182
Ônibus, caminhões, motos, automóveis, helicópteros
e aviões, 183

A mobilidade no Brasil, 189

Tendências malsãs, 199
Como se movem os brasileiros, 205
A percepção da mobilidade no Brasil atual, 212
Brasil: emissões veiculares e políticas para sua redução, 214
Emissões por passageiros transportados e oportunidades
perdidas, 221

Tendências da tecnologia e da organização da mobilidade, 235

Relatório de Impacto na Circulação, 253
Outras formas de "internalizar" custos externos, 257

Perspectivas brasileiras: planos e leis, 265

Andar na contramão: o plano setorial de transporte para
enfrentar as mudanças climáticas, 265
A Lei da Mobilidade Urbana: esperanças infundadas, 273

Conclusão – Mobilidade urbana: um difícil futuro, 289

Bibliografia, 301

Sobre o autor, 317

NOTA DO EDITOR

O tema *meio ambiente*, obrigatório na discussão dos destinos do planeta, é desses que todos os dias estão nas páginas dos jornais e na voz dos noticiários de rádio e TV, dada a permanente evidência em que se mantém. Acompanhá-lo, saber de seu alcance e implicações, acrescentar argumentos na medida da importância a que faz jus é dever de todas as pessoas conscientes da sociedade em que vivem.

A Série Meio Ambiente apresenta-se como uma contribuição no sentido de tornar o tema atualizado e bem fundamentado, aproximando-o de outras áreas do conhecimento e tendo sempre em conta a intenção didática do texto e seu caráter interdisciplinar.

Neste volume, Eduardo Fernandez Silva mostra como e por que o estudo da mobilidade urbana deve considerar tudo o que entra e tudo o que sai das cidades, bem como a movimentação que ocorre dentro delas. Não pode haver mobilidade de pessoas sem que haja movimentação dos suprimentos necessários para que elas vivam, assim como dos dejetos inevitavelmente gerados. Tal reflexão passa por questionamentos sobre o que é qualidade de vida, o que é desenvolvimento e a influência da cultura em que vivemos sobre essas percepções.

É um novo título da Série que o Senac São Paulo propõe para a compreensão do mundo contemporâneo.

APRESENTAÇÃO

O tema da mobilidade humana é tão antigo e, além disso, irrequieto quanto o próprio homem, "bípede implume", na expressão de Platão. Mesmo os demais bípedes, e também as centopeias, os protozoários, os insetos unicelulares, os animais voadores, são todos dotados de mobilidade, deslocam-se no tempo e no espaço. À exceção dos vegetais, presos ao chão por natureza, todos os seres vivos movimentam-se de acordo com as suas características. Vão em busca da sobrevivência, movidos pelas suas necessidades, agindo de maneira uniforme, à exceção dos domesticados, conforme ensina a etologia.

Com o animal homem, o processo é diferente. É ainda movido pelo instinto, sim; mas não é comandado estrita e exclusivamente pelo instinto, eis que a luz e a bússola da razão influem nas suas andanças e na satisfação das próprias necessidades, superando os limites da natureza puramente animal. Até mesmo os vagabundos e errantes têm, no âmago de si, um objetivo a alcançar, um caminho a cumprir. Os passos do animal homem escrevem a História e, não obstante, são cada vez mais condicionados pelo seu próprio dia a dia.

Quando eu era menino, as distâncias eram incalculáveis, os horizontes pareciam longínquos e o mundo se ocultava, misterioso, atrás das linhas que os olhos alcançavam. O desconhecido, o imaginado, o fantástico escondiam-se atrás, qual imensa China misteriosa e inatingível, muito além de tudo. Milênios decorreram até que "esses homens maravilhosos e suas máquinas voadoras" engoliram as distâncias, superaram os obstáculos e deram à mobilidade humana uma liberdade quase mitológica, evocada na história de deuses e de heróis como Hércules. Ícaro e seu pai, Dédalo, meteram-se num empreendimento sem futuro; porém, abriram caminho para a fantasia e a realização da espécie humana, que se desvencilhou de amarras como a lei da gravidade e a enormidade das distâncias. Hoje, estamos no ponto em que, passados milênios, nos encontramos planejando mais liberdade e, paradoxalmente, imobilizados pelas nossas invenções, inviabilizados pela volúpia da rapidez e da velocidade. Motocicletas, automóveis, trens, aviões...

Registradas essas considerações de cunho antropológico e psicossocial, vamos agora à natureza e à atualidade desse fenômeno tipicamente humano e urbano que, de uma hora para outra, recai sobre a sociedade brasileira mostrando suas inúmeras facetas. É bem essa visão que o livro de Eduardo Fernandez Silva nos mostra com rara felicidade.

Foi necessário muito tempo para que nossos antepassados remotos vencessem o cerco da imobilidade e deixassem suas cavernas e grutas. O mundo parecia hostil e o espaço, limitante. Os primeiros animais domesticados serviam como colaboradores no amanho da terra e, posteriormente, como montarias e meios de transporte. Apareceram, assim, os primeiros "modais" de mobilidade e deslocamento vencendo distâncias. Cavalos e camelos – estes considerados como "navio do deserto" – construíram a sua história. Sua força motriz era intrínseca e barata, constituída pela energia de alimentos e água metabolizada em seus organismos.

Os primeiros carros de que se tem notícia surgiram como máquinas de guerra, destinadas apenas ao comando superior. Muito tempo se passou até que o uso de carros ou veículos se alargasse em grande escala, como aconteceu entre os gregos e, em maior proporção, entre os romanos. Bigas e quadrigas vieram se exibindo, mobilizadas para competições. Nesse vagaroso decorrer de tempo, poucos e pequenos eram os centros urbanos, nos quais a mobilidade pudesse constituir problema. Por fim, Roma tornou-se a metrópole do mundo, e as dimensões da mobilidade chegaram a cifras sempre maiores, tanto no âmbito de suas muralhas quanto na vastidão dos seus domínios.

Na Roma pré-imperial, os problemas de mobilidade vieram adquirindo características peculiares. Júlio César se viu obrigado a baixar "leis" e normas reguladoras para, *verbi gratia*, limitar o tráfego de carros e carroças na região central de Roma – onde se encontravam os fóruns, monumentos e palácios – proibindo a circulação daquelas máquinas que, com suas rodas reforçadas por aros de ferro, provocavam muito ruído no atrito com as pedras de pavimentação, causando assim grande incômodo noturno ao sono da população.

O mesmo Júlio César, que havia exercido várias importantes funções urbanas, tinha noção do sistema viário. Como fora uma espécie de "ministro dos transportes", deu continuidade a um ambicioso plano rodoviário, pois tinha consciência clara da importância estratégica e comercial das famosas "vias" que alcançariam os pontos mais remotos do vastíssimo Império Romano.

Trigo, outros cereais, azeites e vinhos eram "importados" de longe para satisfazer o estômago de Roma que, nos tempos de Júlio César, beirava um milhão de habitantes. Pode-se imaginar o que fosse a "mobilidade urbana" naquele lugar e naqueles tempos, sem eletricidade, sem combustíveis fósseis ou alternativos, e sem tecnologia rudimentar.

Transformações ocorreram ao longo da Idade Média, durante a qual a mobilidade se intensificou com as Cruzadas, as guerras no âmbito do Sacro Império Romano-Germânico e, mais civilizadamente, entre as expressivas cidades mercantis ao norte da Europa: Hamburgo, Bremen, Leipzig; as cidades flamengas da Antuérpia, Gand e Bruges; sem omitir Paris, Marselha e Bordéus, na França; e Siena, na Toscana, célebre pelos seus banqueiros. Os fluxos comerciais e financeiros estimulavam a mobilidade interna e externa, porém seria longo discorrer sobre o fenômeno.

Já os períodos do Renascimento e do Barroco são bem conhecidos. Posteriormente, vem o fluxo espantoso de humanos, carros e animais durante as guerras napoleônicas, quando a tecnologia da mobilidade se desenvolveu com certa celeridade.

Não são poucos os filmes[1] e museus que nos permitem recuperar o estágio da mobilidade urbana e interurbana nos séculos passados, até o surgimento da "civilização do automóvel", na qual ainda (infelizmente?) vivemos. Com relação a museus, cito apenas dois. O famoso Museu dos Coches de Lisboa, na região de Belém, abriga extravagantes carruagens e coches que serviam à realeza e à nobreza, numa berrante discriminação social e política. Analogamente, os clamores de junho de 2013 veriam, nesse quadro, os abusos das classes de políticos e governantes que, em suas frotas e deslocamentos, dão as costas para desigualdades e para a situação penosa em que vivem as classes populares e, até mesmo, boa parte da

---

[1] Exemplos: os filmes *Casanova e a Revolução* (1982), de Ettore Scolla, e *As aventuras do sr. Hulot no tráfego louco* (1971), de Jacques Tatit.

classe média brasileira, particularmente nas regiões metropolitanas e nas periferias das grandes cidades carentes de transporte digno. Afinal, quanto custa a mobilidade de políticos e governantes ao erário público? Outro exemplo, interessante sob outro aspecto, é o Museu do Transporte da cidade de Lucerna (Suíça), que mostra pedagogicamente a evolução dos meios de transporte, em seus vários modos, culminando com o desempenho do transporte aéreo em nossos dias.

O autor deste livro não desconhece as implicações históricas do tema; todavia, não lhe caberia explicitá-las porque, com efeito, dedicou-se ao cerne do problema contemporâneo, que analisa com maestria e também com uma visão prospectiva. O que será de nossas sociedades que se rendem ao fascínio dessas máquinas e, cada dia mais, deixam entupirem-se vias públicas e garagens? As montadoras, por sua vez, esmeram-se no visual e na potência desses "bólidos", levando jovens, adultos e provectos senhores a sonhos delirantes. Estudiosos e entendidos sugerem que se ponha fim à concupiscência dos olhos e à megalomania do *status* acoplada a cada sucessivo modelo novo, estimulando o ímpeto consumista. Mas, quem colocará o guizo no pescoço do gato?

Será indispensável o concurso do Poder Público com medidas criativas. Xangai, uma das "cidades compactas ou completas", define quem pode ter carro, quantos veículos podem ser licenciados por área da cidade e quais as limitações da área. Algo análogo ocorre em outras metrópoles asiáticas, como

Kuala Lumpur (Malásia), Bangcoc (Tailândia), Cingapura e Hong Kong – esta última tem a maior densidade de tráfego no mundo.[2]

Quanto à já citada Roma, hoje tem um dos tráfegos mais caóticos do mundo, graças aos veículos pequenos e médios da sua indústria automobilística que se deslocam no centro histórico (antigo, medieval e barroco), por vias estreitas e sem calçadas, esgueirando-se por entre aqueles velhos *palazzi* agarrados uns aos outros. Talvez Júlio César, com a sua genialidade, encontrasse uma solução... E Paris, farta em *voitures*, há décadas sofre de congestionamentos monumentais que levaram o presidente Charles de Gaulle a dizer que "l'autocirculation à Paris est un 'tohu abohu' épouvantable!".[3] Já nas capitais alemãs e escandinavas o tráfego e o comportamento dos condutores de veículos são bem outra coisa.

Engarrafamentos estão por toda parte, com algo comum, a *antimobilidade*; e com antídotos específicos, os mecanismos e os instrumentos reguladores que cada uma das cidades e as respectivas legislações estabelecem. Evidentemente, os males são os mesmos, com suas consequências sociais,

---

[2] O jornalista da Globo News André Trigueiro, combatente de sustentabilidade, referiu estes e outros casos em entrevista à apresentadora Tânia Morales, da CBN São Paulo, em 5 abr. 2014, às 13h45.

[3] Programa radiofônico ouvido pelo autor desta apresentação no primeiro semestre de 1963. A expressão "tohu abohu" é hebraica e se encontra nos primeiros versículos do Gênesis. Descreve o "caos" inicial existente na criação do mundo.

econômicas, sanitárias e médicas que atordoam a vida de milhões de pessoas e seus governantes.

Nos grandes centros urbanos, várias medidas de contenção do tráfego de veículos motorizados são propostas, a depender das peculiaridades locais e da criatividade do administrador público. É perfeitamente compreensível que tais medidas não agradem a esse ou àquele indivíduo, a essa ou àquela organização. No Brasil, de tradição individualista e pouco respeito pelos interesses coletivos, as reações são exacerbadas. Tomemos, por exemplo, a hipótese do *pedágio urbano*: a grita é enorme. Essa e outras hipóteses levam à invocação do direito constitucional de ir e vir. Ora, esse direito participa da natureza dos direitos difusos, como o direito ao meio ambiente saudável e ecologicamente equilibrado, porém com uma diferença fundamental: seu uso está limitado pelo interesse coletivo, em cujo âmbito encontram-se outros direitos, como o direito ao bem-estar e à saúde e o próprio direito ao meio ambiente saudável. Essas e outras figuras de direito coletivo condicionam na raiz a mobilidade urbana. Resta aos inconformados o famoso "jus esperneandi", o direito de espernear, que sucumbe em si mesmo.

O sistema viário metropolitano da Grande São Paulo é claramente inadequado e insuficiente – na raiz, porque não foi planejado e sofreu pressões da especulação imobiliária. Por vezes tem-se a impressão de que loteamentos e arruamentos são previstos para carroças e liteiras, como ainda se verificava século e meio atrás. Diante disso, o Poder Público municipal (prefeituras e câmaras de vereadores) se mantém inerte, seja por incapacidade de ver, prever e planejar, seja porque submete o interesse coletivo aos interesses menores de grupos egocêntricos.

Em síntese, a mobilidade urbana com os direitos e as práticas, em uso ou desejáveis, deve permanecer sob o comando da sustentabilidade e do interesse coletivo, sem prejuízo dos direitos da pessoa e dos direitos individuais não conflitantes. Caso contrário, a insustentabilidade se alastrará.

O literato argentino Julio Cortázar escreveu um conto impressionante, antecipando uma visão caótica da imobilidade provocada pelos próprios automóveis, que não se movem. A peça literária tem o título original "Autopista del Sur" e foi escrita em 1964.[4] Inúmeros e variados carros regressam do Sul a Paris com famílias inteiras, jovens namorados, casais idosos, todos com seus pertences e animais de estimação. Na altura de Fontainebleau, o fluxo de veículos emperra sem que se saiba por quê. E o fluxo de carros cresce sempre e se acumula, atravancando tudo e todos. Sem alternativa, as pessoas descem para o terreno, por onde se espraia uma vegetação multiforme. Dias se passam, improvisam-se refeições que são partilhadas, relacionamentos se estabelecem. Todos são forçados

---

[4] Ver CORTÁZAR, Julio. *A autoestrada do Sul e outras histórias*. Porto Alegre: L&PM, 2013.

à resignação, e as vidas se misturam. Já ninguém pensa mais em sair dali, e há casamentos, nascimentos e óbitos. O tempo passa, e, quando o problema da estrada é solucionado (?!), as pessoas continuam onde estão, não encontrando solução para suas vidas: o mundo perdeu sentido para elas!

A liberdade do contista é respeitada não obstante seus exageros. Contudo, sua advertência é aceita naquilo em que sua parábola tem de advertência, cruel mas realista.

Sem as liberdades da imaginação, este livro de Eduardo Fernandez Silva, escrito com documentação e alta competência, não quer que a sociedade brasileira pegue aquela nefasta autoestrada. A simples palavra "autoestrada" nos transmite a ideia de carros de grife, de afã em negócios e no lazer. O autor nos lembra que o objetivo da economia não é econômico: é social – "bens e serviços de que as pessoas precisam para sobreviver". Quem vai internalizar as externalidades da economia, da indústria e do comércio? E as externalidades da imobilidade urbana? Quem contabilizará as doenças, os estresses, as horas de vida perdidas e os sonhos desfeitos? E, se a nossa situação global enveredar por essa "autoestrada do Sul", quem nos restituirá à vida saudável, ou melhor, quem nos restituirá à vida?

O fluxo de gentes e de coisas, *do* ar e *da* água, os fluxos *no* ar, *na* água e *no* solo são analisados em extensão e profundidade. Não obstante a sisudez da matéria, o que acabamos de ler nos impulsiona a ir adiante, sempre na busca de soluções para o grande desafio que nos cerca por toda parte: a mobilidade à nossa volta, a viabilidade nos caminhos do planeta, nossa morada: não podemos sair daqui! Uma via insustentável, uma cidade e um país insustentáveis, uma sociedade internacional e planetária insustentável não fazem parte dos planos divinos: por isso, não podem ser parte dos planos humanos. Na visão de Teilhard de Chardin, temos de crescer com o planeta, e o planeta, conosco.

Somos gratos ao autor por este trabalho de excelência, que nos ajuda a viabilizar a mobilidade em nossas cidades para que possamos, mais facilmente, imprimir mobilidade em nossos projetos de vida ou, melhor dizendo, em nossa vida mesma. Tudo está interligado.

São Paulo, outono de 2014.
José de Ávila Aguiar Coimbra

INTRODUÇÃO

MOBILIDADE HUMANA: QUAL O DESTINO?

A mobilidade urbana, ou a movimentação de pessoas e coisas para dentro e para fora e para todos os cantos da cidade – e cujo conceito será mais bem desenvolvido ao longo do presente texto –, raiz de diversos protestos populares no Brasil, é componente básico da qualidade de vida e impacta forte e negativamente o meio ambiente, gerando benefícios e custos elevados para a sociedade. Mantidas as tendências das últimas décadas, as perspectivas da mobilidade não são favoráveis por pelo menos três razões: primeiro, porque a situação tem-se agravado na maioria das cidades, por exemplo, com o aumento do tempo de deslocamento, apesar dos esforços de diferentes governos; segundo, pela elevação dos custos dos investimentos associados às tentativas de minorar o problema; e terceiro, por seus fortes impactos ambientais. Estima-se que os veículos em operação no mundo sejam responsáveis por 23% da totalidade da emissão de gases de efeito estufa (GEE) mundialmente, além de causadores de diversos outros impactos negativos, inclusive milhões – e não milhares – de mortes anuais em decorrência da poluição e outras milhares em razão dos acidentes.

As soluções tradicionais – mais vias, viadutos, pontes, metrôs, bondes, automóveis e outros meios – não têm resolvido nem o problema da mobilidade nem o da degradação ambiental. Mais recentemente, novas tecnologias de informação e comunicação, algumas já em uso e outras ainda embrionárias, têm dado importante contribuição, mas nenhuma iniciativa, isoladamente, oferece solução. Enfrentar a questão do ordenamento do uso do solo é essencial, e também são necessárias mudanças institucionais, culturais e comportamentais.

No Brasil, como em todos os países subdesenvolvidos ou em desenvolvimento, investimentos em mobilidade competem por recursos escassos com outras demandas igualmente urgentes e válidas: educação, saúde, habitação, segurança, etc. Todas essas necessidades permanecem subatendidas em razão tanto da baixa capacidade de resposta do Estado quanto de respostas que, do ponto de vista da maioria da população, são equivocadas. A Lei nº 12.587, de 3 de janeiro de 2012, que institui as diretrizes da Política Nacional de Mobilidade

Urbana, é pífia e não justifica esperanças de se alterarem as tendências recentes, como se verá no capítulo "Perspectivas brasileiras: planos e leis".

Salvo a adoção de novos paradigmas, as perspectivas não parecem animadoras. Não há solução simples, muito menos se as políticas e as ações referentes à mobilidade continuarem desconectadas de outras políticas públicas. Há, porém, algumas oportunidades para o Brasil. Estas exigem, além de adequação técnica, uma nova cultura, novos comportamentos institucionais e pessoais, uma verdadeira mudança de paradigma, consciência ou mentalidade. As possibilidades são amplas, e o desafio de liderar tais transformações, gigantesco. O prêmio é valioso: a melhoria da acessibilidade, menos mortes, a redução dos riscos e custos ambientais e a ampliação das chances de sustentabilidade. Este texto mostra tendências recentes e busca explorar algumas dessas possibilidades. Pode-se, mesmo, adiantar uma conclusão: a melhoria da mobilidade depende de avanços na qualidade de vida da maioria, e vice-versa; alcançar maior acessibilidade depende da construção de cidades e bairros completos e amigáveis. Recursos para tal estarão disponíveis mediante a retirada dos subsídios hoje concedidos ao uso de combustíveis fósseis e à mobilidade individual.

Há um amplo conjunto de evidências a sugerir que, mantidas as principais tendências relativas à mobilidade humana, o destino final será trágico e afetará, a cada ano, uma proporção crescente da população, como já vem ocorrendo. Não seria a primeira vez que a adoção de certos hábitos leva pessoas ou sociedades à autodestruição: práticas que no início parecem prazerosas, em seguida viciam, criam dependência e mais tarde acabam por destruir o usuário. Apesar das evidências de que a persistência no hábito levará à autodestruição, buscam-se todas as formas possíveis de negar essa perspectiva. Continuam, assim, as práticas que comprometem as funções vitais, como a capacidade de nutrição, de regeneração, a disponibilidade de ar puro, a correta disposição e higienização de dejetos, a fruição de um lazer saudável, etc. Assim se passa com o indivíduo viciado em drogas, e assim ocorre também com a sociedade: a degradação do ambiente em que se vive destrói a base na qual a civilização se nutre e da qual depende; a continuidade do processo projeta seu destino.

Esse final trágico é altamente provável, mas não é o único possível. Alterar o curso de forma a evitar o pior será tarefa gigantesca, exigirá a cooperação de todos e será, de acordo com muitos analistas, o maior desafio jamais enfrentado pela humanidade. Não é impossível vencê-lo, mas é extremamente difícil, uma vez que há forças poderosas prometendo que, apesar das dificuldades do momento, os "males" não são tantos assim, a ciência desenvolverá novas tecnologias salvadoras e, no "futuro", haverá abundância para todos. Assim se defende a manutenção do mesmo rumo e se minimizam evidências (ou delas se descrê).

Aspectos ideológicos, com frequência introduzidos nas análises, confundem e prejudicam a compreensão. Por exemplo, tomem-se os relatórios da Petrobras, e também os de outras empresas de petróleo – assim como afirmações de lideranças políticas –, e repetidas vezes se verão referências ao aumento e a novos recordes da produção de petróleo. A afirmação segue sem questionamento, ainda que todos saibam que nenhuma dessas empresas jamais produziu uma gota sequer do combustível: elas apenas extraem do solo o material que a natureza produziu mediante processos que demoraram milhões de anos e que o ser humano é incapaz de repetir. Embora possa parecer uma sutil e singela questão semântica, a substituição da palavra induz, ideologicamente, a uma sensação de "progresso" e não é irrelevante em suas consequências.

Os cientistas que alertaram sobre os riscos das mudanças climáticas previram, igualmente, a ocorrência cada vez mais frequente de "eventos extremos" ou desastres ambientais cada vez mais fortes. Hoje, essa intensificação dos desastres deixou de ser previsão e se tornou história. Embora não se possa afirmar que um evento extremo específico seja decorrente das mudanças climáticas, também não se pode afirmar, categoricamente, que não o seja, como o furacão Katrina (nos Estados Unidos, em 2005) e o Hayan (nas Filipinas, em 2013). Em termos estatísticos, a evidência da maior frequência desses eventos extremos reforça e dá crédito às teses acerca das consequências das ações humanas que têm provocado as referidas alterações do clima. Entre essas ações estão exatamente os padrões de mobilidade humana. Esta, cada vez mais, se confunde com a mobilidade urbana, pois é nas cidades que vive a maior parcela da população e a cidade não existe sem seu entorno, que na atualidade é todo o planeta Terra, em toda a sua pequenez. É em razão dos estilos de vida de parcela dessas populações urbanas que ocorre a maior parte de toda a movimentação de pessoas e coisas no planeta: 64% de todos os quilômetros viajados são urbanos, e essa proporção tende a crescer (Lerner *et al.*, 2011). Apesar das especificidades da movimentação em cada cidade, pergunta-se: como analisar a mobilidade em São Paulo, Nova York ou Xangai, sem reconhecer que parcela dos fluxos que ocorre em cada uma delas tem como origem ou destino o outro lado do mundo, e depende de fatos que ocorrem a milhares de quilômetros de distância? Como desconectar processos que são indissociáveis?

Nas últimas décadas houve – e nas próximas quase certamente continuarão a ocorrer – grandes aumentos:

- da população humana e na proporção desta que vive em cidades;
- na emissão de gases de efeito estufa, em que o transporte tem participação global de quase 1/4;
- no número de automóveis, caminhões, ônibus, aviões, trens e navios levando e trazendo gente e mercadorias;
- na quantidade de lixo sendo transportado para "longe" e, raras vezes, adequadamente tratado;

- na ampliação da cobertura da Terra com asfalto e outras formas de pavimentação para possibilitar essas movimentações;
- no número de pessoas mortas e feridas em razão de acidentes de trânsito;
- no crescimento dos gastos públicos e privados com a construção da infraestrutura associada à mobilidade;
- no crescimento da produção em decorrência dessa infraestrutura;
- na maior despesa governamental e privada para remediar prejuízos causados pelo uso dessa infraestrutura;
- nas aglomerações urbanas carentes de saneamento básico e de acesso à saúde e à educação de qualidade;
- nos gastos militares e de espionagem política, militar e comercial.

Mantidas as tendências prevalecentes, na América Latina e noutras áreas do Planeta crescerá também (como tem crescido recentemente) o gasto privado com segurança, assim como a quantidade de assassinatos, roubos, agressões e outras formas de violência, ainda que possa até ocorrer uma redução nessa ou naquela variável. A quantidade de lixo gerado crescerá enormemente, e também crescerão as doenças em decorrência das várias formas de degradação ambiental; a incidência de câncer, uma das doenças causadas pela poluição veicular, também deverá aumentar. A capacidade de defesa das pessoas e instituições poderá, ou não, crescer, como sugere o seguinte exemplo: em novembro de 2013, o *campus* da Universidade de São Paulo (USP) na zona leste da capital paulista (USP Leste), considerada uma das cem ou duzentas melhores universidades do mundo, foi interditado por estar construído sobre solo contaminado. Se uma universidade assim conceituada não consegue agir preventivamente, evitando ali instalar o seu *campus*, que dizer de outros atores menos informados?

Se são críveis – e certamente o são – as previsões sobre as consequências das mudanças climáticas, que fazer para evitá-las? Se não é mais possível evitá-las, como mitigá-las? Como nos adaptarmos à elevação dos níveis dos mares, ao aumento de temperatura, às maiores oscilações dos regimes pluviais e à redução das safras de diversos dos produtos básicos, entre tantos outros eventos? Como reverter as tendências apontadas, decorrentes que são dos processos sociais, econômicos, culturais e políticos que vivemos?

A mobilidade urbana é um dos aspectos centrais da vida atual, e a complexidade do tema deixa claro que não existe solução simples, nem rápida. Este livro se propõe mostrar que as dificuldades da mobilidade urbana apenas podem ser enfrentadas mediante políticas integradas, relativas ao parcelamento, ocupação e uso do solo, ao desenvolvimento tecnológico e a transformações culturais e institucionais. Outro objetivo é mostrar caminhos alternativos no campo da mobilidade urbana que possibilitem reduzir o risco do provável final trágico.

UM MUNDO COM DOIS BILHÕES DE CARROS: COMO SERIA?

Rigorosamente ninguém sabe quantos veículos motorizados dos vários tipos circulam hoje no planeta; uma das estimativas mais aceitas diz que eram, em 2008, quase um bilhão (Sperling e Gordon, 2008). Mantidas as tendências de urbanização e as políticas de incentivo à expansão da produção e do uso de automóveis, dentro de apenas vinte anos haverá dois bilhões desses veículos na Terra. Uma consultoria especializada na indústria automobilística prevê três bilhões em 2035 (Lovins e Cohen, 2013).

Dizer que estarão em circulação é um pouco arriscado, pois o mais provável é que estejam presos em congestionamentos gigantescos por boa parte das horas do dia. Ainda assim, circularão, é verdade, mas principalmente fora dos chamados "horários de pico". Mesmo hoje, os automóveis particulares ficam parados 23 em cada 24 horas do dia (Vodaplan, s/d.). Isso, nos Estados Unidos e na Europa, onde há estatísticas. No Brasil, não se sabe qual é essa proporção, mas não há razão para supor que seja muito distinta. Essa ociosidade se deve não a congestionamentos mas ao próprio modelo de negócios desenvolvido nos últimos cem anos, aproximadamente: primeiro, a ideia de um carro por família; depois, o "ideal" de um por pessoa, ficando os veículos parados na garagem, nos estacionamentos ou na rua enquanto seus proprietários dormem, trabalham, confraternizam, conversam e realizam outras atividades.

Em todo o mundo, ainda se crê em mitos, e os sonhos ainda incentivam as pessoas. Alguns mitos têm aspectos positivos, outros mais iludem que orientam. Um destes é o conceito de que é possível e desejável que cada um tenha seu carro; outro, verdadeiro há algumas décadas, é que a indústria automobilística é grande geradora de empregos e de tributos. Fala-se que no Brasil os impostos pagos por essa atividade representam 6% (Silva, 2013) do total arrecadado pelo Governo Federal, o que inclusive seria uma das razões por que os governos seguem incentivando-a. Caso se descontem, desses 6%, os gastos com a saúde para tentar curar doenças causadas pela indústria automobilística, as despesas com manutenção e ampliação das vias necessárias para que seus produtos circulem, os impostos perdidos em razão das horas não trabalhadas em decorrência da lentidão do trânsito, a perda de produtividade do trabalhador em razão das horas gastas no trajeto casa-trabalho-casa, etc., é provável que o saldo entre arrecadação e despesas seja negativo.

Com relação ao emprego, a situação é a seguinte no Brasil: em 1957, ano inaugural do setor no país, foram produzidos 30,6 mil veículos e gerados 9,7 mil empregos, um a cada três unidades produzidas; em 2010, a produção de 3,6 milhões de unidades exigiu apenas 137,8 mil empregados, ou um emprego a cada 26 carros lançados no mercado (Silva, 2013). É bem verdade que, além desses empregos na indústria, há aqueles existentes nas oficinas mecânicas, nos revendedores e em outros estabelecimentos. Nessa conta dos empregos indiretos derivados da indústria automobilística caberia também incluir, pergunta-se, aqueles criados nos hospitais e na indústria farmacêutica, para tratamento dos acidentados, assim como nos cemitérios, para que os mortos em acidentes automobilísticos descansem? Afinal, se incluirmos os empregos gerados no conserto dos veículos entre os "benefícios" dessa indústria, deveríamos também assim considerar aqueles decorrentes do tratamento dos acidentados e do funeral dos mortos. Essa perspectiva, porém, não parece promissora em termos de orientação rumo a uma qualidade de vida melhor e sustentável.

DOS SONHOS À ILUSÃO E AO PESADELO

É inegável que adquirir o carro próprio ainda é um sonho para muitos dos que não compraram um, e isso deve ser considerado nas análises da mobilidade. Essas análises também devem considerar que, em diversos países, a juventude já não vê o carro próprio como uma aspiração tão forte (Canto, 2014). Também é inegável que em muitos locais a indisponibilidade de um automóvel condena as pessoas a deslocamentos muito mais demorados relativamente àquelas que dele dispõem; isso é verdade na maioria das cidades brasileiras. A situação pode ser grave a ponto de impedir o acesso a determinados locais ou eventos; Brasília, entre outras, ilustra situações dessa gravidade.

Para evitar essa imobilidade há a promessa e o anseio do veículo individual. Porém, em um mundo que em breve abrigará 9 bilhões de pessoas – dos quais 6 ou 7 bilhões em cidades –, a promessa não poderá ser cumprida, não apenas pela escassez de espaço mas também pela degradação do ambiente. Nesse sentido, a ideia de que uma difusão dos veículos privados solucionará o problema da mobilidade, implícita ou explícita em muitos comerciais que buscam motivar as pessoas a comprar um carro, poderia ser classificada como propaganda enganosa, se não como estelionato.[1] Essa mesma ideia ajudou e ainda ajuda a formar o mito moderno da "liberdade" associada à propriedade do automóvel.

---

[1] É curioso notar que em muitas propagandas de automóveis os modelos anunciados aparecem em ruas vazias, completamente livres de outros carros e congestionamentos...

Lembre-se do mito de Ícaro. O célebre viajante, que não alcançou seu destino porque a cera que prendia suas asas ao corpo se derreteu, provocando a sua queda, parece antecipar o destino da nossa civilização. Esta, mantidas as tendências prevalentes, verá derreter a "cera" que a conecta ao ambiente, lhe dá liga e sustenta. Por "cera", aqui, entenda-se o conjunto dos serviços ambientais prestados pela natureza, indispensáveis à sobrevivência humana, e cujo "derretimento" o ser humano tem provocado, em decorrência das alterações climáticas e de outras formas de agressão. E, salvo mudanças profundas, continuará a provocar. Isso, até que a "cera" derreta e sobrevenha a queda.

O mito do transporte individual como solução de mobilidade precisa, com urgência, ser superado, tanto ele se parece ao de Ícaro.

O GRANDE DESAFIO

Transporte é atividade essencial. As pessoas se movem – e movem coisas – para sobreviver e, sem transporte, ainda que por distâncias mínimas, falecem. A quantidade de pessoas e coisas a ser movidas e as maneiras como elas são transportadas alteram o meio ambiente, para o bem e para o mal, e se transformam recorrentemente no decorrer da história.

A população humana passou de 1 bilhão, em 1800, para 7 bilhões, duzentos anos mais tarde. As pressões que esses seres têm feito sobre os recursos do planeta cresceram de forma mais do que proporcional e são visíveis no ambiente construído, como as cidades, hoje o lar da maior parte da espécie. As cidades são, insista-se no óbvio, diferentes entre si, desde megalópoles até pequenas vilas definidas como urbanas.[1]

---

[1] O Instituto Brasileiro de Geografia e Estatística (IBGE) define como população urbana aquela que vive dentro dos limites legalmente definidos do perímetro urbano do

Compare-se o "viver aqui" com o "viver lá". "Viver aqui" é onde moramos, com as várias características que identificam nossa cidade, nosso bairro, nosso prédio, nosso apartamento ou nossa casa. "Viver lá" é onde vivem os outros, são os locais que vemos na TV, no cinema, em fotos ou em viagens. "Lá" inclui montanhas e praias, próximas ou distantes, cidades e desertos, fazendas, carros, estradas, edifícios, aeroportos, lixões, avenidas, casas, barracos, Beverly Hills, Complexo do Alemão e tantos outros locais: todos, se não completamente construídos, afetados, ao menos em parte, pela espécie humana. Isto é, por nós. Mesmo as montanhas e praias aparentemente "intocadas" – das quais restam poucos exemplares – mostram evidências da ação do homem.

Com o crescimento da população e do consumo, ocupamos o solo e formamos, de diversas maneiras, o ambiente construído. Este revela, aos olhos treinados do arqueólogo, como se vivia antigamente. Revela também como é a vida humana hoje. Olhando as casas, as estradas, os prédios, as usinas, as ruas, as redes subterrâneas[2] ou aéreas, o esgoto a céu aberto, os carros, os ônibus e outros objetos que circundam cada grupo humano, pode-se dizer quem são as pessoas desse

---

município; entre os 5.565 municípios brasileiros, muitos têm características rurais, mas, ainda assim, a parcela de sua população que vive no perímetro urbano é considerada urbana, dada a definição adotada.

[2] Até a década de 1980, era rara a cidade brasileira que dispunha de um mapa das redes subterrâneas nela existentes. Isso encarecia – e talvez ainda encareça – todo tipo de obra que exija acesso ao subsolo.

grupo, qual é seu modo e sua qualidade de vida. A diversidade vigente é evidenciada pela multiplicidade de imagens visíveis na TV, na internet e noutras mídias, que permitem dizer – novamente, insista-se no óbvio – que são experiências pessoais distintas habitar o Lago Sul, em Brasília, ou o Complexo do Alemão, no Rio de Janeiro; residir em Lagos, na Nigéria, ou em Quebec, no Canadá. Mais adiante, far-se-á uma comparação entre Los Angeles e Bremen, na Alemanha, para explicitar algumas das relações entre essa diversidade de "formas" urbanas, a qualidade de se viver nelas e as questões da mobilidade e da acessibilidade.

Neste texto, considera-se mobilidade como a movimentação efetiva ou potencial de pessoas e coisas; acessibilidade, por sua vez, é a capacidade das pessoas de chegarem ao local desejado e de fazerem coisas chegarem ao destino. A distinção parece sutil – e de fato o é: ao se falar em mobilidade, implicitamente fala-se em movimento e sistema de transporte, inclusive infraestrutura, enquanto a ideia de acessibilidade remete principalmente às pessoas e à possibilidade de elas alcançarem os destinos desejados. A primeira foca a infraestrutura e o equipamento, ao passo que a segunda mira a pessoa.[3]

---

[3] Na Lei nº 12.587, de 3 de janeiro de 2012, artigo 4º (Presidência da República, Casa Civil, 2012), os conceitos são assim definidos: mobilidade é a *condição em que se realizam os deslocamentos de pessoas e cargas no espaço urbano;* acessibilidade é a *facilidade disponibilizada* às pessoas que possibilita a todas autonomia nos deslocamentos

A perspectiva de que, nas próximas décadas, a maior parte da população do planeta se alojará em cidades dos países em desenvolvimento implica que as condições de vida serão mais próximas às que se veem hoje – em fotos dessas cidades, com seus restritos bairros ricos e suas amplas regiões pobres – do que às condições materiais em que vivem os habitantes das cidades dos países desenvolvidos.

> As Nações Unidas estimam que em 2030 a população do mundo alcançará 8 bilhões. Isso será 2,3 bilhões a mais que trinta anos antes. A população urbana nos países em desenvolvimento deverá crescer de 2 para 4 bilhões no mesmo período [...], virtualmente todo o crescimento da população global nas décadas à frente [...]. A infraestrutura [nessas] cidades – água, saneamento, energia e sistemas de transporte, de tratamento de saúde, habitação e educação – é inadequada mesmo para a população que já existe. Portanto, por que devemos ter qualquer confiança em que essas cidades serão capazes de gerenciar as mudanças à frente? [...] Os Objetivos de Desenvolvimento do Milênio clamavam por uma redução em 100 milhões do número de habitantes das favelas até 2015. Nesse período, o número desses habitantes deve crescer em 1 bilhão. A questão constrangedora não é como reverter essa tendência mas como se adaptar a essa inevitabilidade de maneiras que possam levar a vidas saudáveis, produtivas e recompensadoras para o maior número de pessoas. (Ginkel, 2008, p. 32)

---

desejados, respeitando-se a *legislação em vigor*. Como se vê, a distinção não é plenamente clara.

Em cada cidade, há áreas de usos especializados do solo – industrial, residencial de alto, médio e baixo padrão,[4] comercial, de lazer, etc. – e outras de uso misto. A especialização de uso leva à necessidade de mais infraestrutura e equipamentos para deslocar pessoas e coisas; já áreas de uso misto possibilitam alcançar o destino a pé ou de bicicleta.

O ambiente que construímos pode ser aprazível ou repulsivo aos sentidos e, assim, revela as condições de vida de quem o habita ou frequenta. Isso, mesmo quando se considera que os adjetivos utilizados para defini-lo guardam alta subjetividade: ser "aceitável" ou "inaceitável" depende de quem assim qualifica o espaço. Nem essa variação nem a subjetividade dos adjetivos retiram sua validade, mesmo porque há critérios objetivos a ponderar: esgoto a céu aberto, ruas congestionadas e barulhentas, poluição acima dos níveis "recomendáveis" pela Organização Mundial da Saúde (OMS), parques, praças arborizadas, ruas calmas, limpas e seguras são alguns dos "atributos" que permitem conferir aos espaços os adjetivos citados. Permitem, também, tornar a cidade ou o bairro mais ou menos acolhedor e mais ou menos valorizado. Lembre-se, ainda, que o termo "acolhedor" refere-se à adequação do espaço urbano a determinada função: assim, a existência de um ramal de estrada de ferro pode ser fator decisivo e positivo para a instalação de uma indústria e, ao

---

[4] A legislação não prevê esse tipo de distinção, mas ela ocorre na prática.

mesmo tempo, determinante para classificar o lugar como *não* residencial.

Para edificar, usamos materiais que são retirados da natureza e levados para diferentes locais onde são transformados, depois deslocados para lugares onde são usados e, mais tarde, movidos para serem descartados. O cimento e o ferro com que se constrói devem antes ser minerados, transportados e transformados até que se tornem estradas, casas e escritórios. Nesse processo, há pressão crescente sobre a natureza e sobre os chamados "serviços ecossistêmicos" dos quais dependemos para sobreviver: o solo agricultável, o ar respirável, as águas balneáveis ou potáveis, o ambiente habitável, etc.

A pressão exercida pela espécie humana sobre o "galho" em que se assenta é de tal ordem, e crescente, que, salvo grandes mudanças de políticas, de atitudes, de objetivos e de mentalidade, o galho não suportará. Nunca é demais insistir em que a preocupação ambiental não é uma preocupação apenas com o planeta, mas também com o ser humano, seu bem-estar e sua qualidade de vida. Não obstante, muitas das previsões sobre a mobilidade dentro de algumas décadas, como se verá adiante, parecem desconsiderar completamente essa realidade. As pressões que temos exercido sobre a capacidade do planeta de nos manter vivos são reveladas por diversos indicadores.

EXCESSO DE PESO

No Brasil, a questão da mobilidade é agravada por um problema que aparece relativamente pouco na imprensa: o excesso de peso transportado por caminhões, ônibus e mesmo por veículos pequenos. Ao carregar o veículo com mais peso do que o limite definido pelo fabricante, degrada-se não só o veículo – provocando consumo exagerado de combustível, emissão extra de poluentes e também panes, com os consequentes congestionamentos – como também a via, atrapalhando o trânsito e implicando mais gastos públicos e privados na conservação das pistas, dos veículos e ainda mais poluição.

De maneira análoga, e recorrendo à linguagem figurada, as evidências mostram que a humanidade está colocando sobre o planeta mais "peso" do que ele pode suportar. Eventuais soluções para a questão da mobilidade devem, pois, necessariamente considerar estratégias para reduzir tal peso. Em outras palavras, reduzir a pressão sobre a capacidade biológica da Terra, tornar mais leve a pegada ecológica.

As evidências de que a humanidade tem extraído da esfera onde vive, limitada e finita, mais do que esta pode dar são muitas e crescentes. As mais conhecidas são a chamada "pegada ecológica" e as "fronteiras planetárias", que chegam a conclusões semelhantes por métodos distintos.

O conceito de pegada ecológica relaciona a biocapacidade com o uso da natureza pelos grupos humanos, seja extraindo dela recursos, seja lançando nela dejetos.

> A biocapacidade representa a habilidade dos ecossistemas de produzir materiais biológicos úteis e de absorver o CO_2 gerado pelos humanos, utilizando os processos de gestão e as tecnologias correntes. Materiais biológicos úteis são definidos como aqueles materiais que a economia humana demanda em um dado ano. A pegada ecológica mede a demanda colocada sobre essa capacidade produtiva. (Wackernagel, Rees e Testemale, 1998)

Pode-se, pois, comparar a biocapacidade à "renda" disponível para que a humanidade sobreviva. A "pegada" mede apenas um dos diversos aspectos da sustentabilidade: quanto de biocapacidade os humanos demandam e quanto está disponível, deixando de incluir outros aspectos da questão, como, por exemplo, a exaustão de jazidas. Ainda assim, é um indicador cada vez mais aceito e mostra que, enquanto em 1961 a "pegada" equivalia a 60% da capacidade biológica da Terra, indicando um considerável superávit, em 2010 ela havia ultrapassado em mais de 50% o que a Terra pode dar. A impossibilidade de manter as tendências do passado é evidente.

Outro indicador disponível analisa as "fronteiras planetárias". Diversos cientistas, inclusive vários agraciados com o prêmio Nobel em suas respectivas áreas de conhecimento, reuniram-se para tentar responder à seguinte questão: existem fronteiras ou limites, com relação às características químicas, físicas e biológicas do planeta, que devem ser respeitados para que se mantenha a condição de relativa estabilidade climática verificada durante o Holoceno, o período geológico em que floresceram as civilizações?

Durante o Holoceno, diversas variáveis (como a quantidade de CO_2 na atmosfera) se mantiveram dentro de intervalos relativamente conhecidos e pequenos, e a ultrapassagem dessas fronteiras poderia precipitar mudanças abruptas, algumas de consequências desconhecidas, mas que tornariam regiões da Terra inabitáveis.

Rockstrom *et al.* (2009) identificaram nove fronteiras. Duas delas não foram quantificadas: segundo os cientistas, o estado atual do conhecimento científico não o permitiria. Das sete mensuradas, a humanidade já ultrapassou três: a mudança climática, o ciclo de nitrogênio e a taxa de perda de biodiversidade. Para a ultrapassagem dessas três, e também de outras, como a acidificação dos oceanos, a mudança do uso do solo e a carga de poluição atmosférica, a contribuição dos sistemas de mobilidade é imensa, como visto acima. E mais, ela é cumulativa, ao menos enquanto os atuais modos e meios de mobilidade perdurarem. Infelizmente, a consciência ambiental dos responsáveis por esse quadro negativo ou é nula ou incompleta ou sedada.

A PERCEPÇÃO DE QUE
O GALHO PODE QUEBRAR

O "galho" sobre o qual se assenta a humanidade, como se viu, chama-se produtividade biológica básica do planeta, ou fronteiras planetárias. Por muitos séculos, o gigantismo do planeta, comparativamente ao ser humano e às comunidades habitadas por ele, possibilitou ao *Homo* (autointitulado) *sapiens sapiens*[5] acreditar que a Terra era infinita, que era possível continuar a crescer indefinidamente. A era espacial trouxe a percepção visual na forma da imagem do planeta isolado como uma ilha no cosmo e a noção da sua finitude. Tal noção baseou-se, além da imagem visual, no conhecimento científico. Estudos os mais diversos já demonstraram que essa capacidade biológica básica é limitada e já foi ultrapassada. Numa versão sintética do desafio enfrentado pela humanidade, Lovelock (2006) disse que não se trata mais de buscar o crescimento sustentável, e sim de uma retirada sustentável. Como efetivar, ou sequer imaginar, essa estratégia?

Assim, ao analisarmos a mobilidade, temos de nos indagar: será possível reduzir substancialmente os impactos

---

[5] *Homo sapiens* é o nome científico para a espécie humana. *Homo* é o gênero, que também inclui os Neandertais e muitas outras espécies extintas de hominídeos. *H. sapiens* é a única espécie sobrevivente do gênero *Homo*. Os humanos modernos são a subespécie *Homo sapiens sapiens*, que assim se diferencia da que, argumenta-se, é sua antecessora direta, o *Homo sapiens idaltu*.

negativos do transporte sobre o meio ambiente, sem restringir o acesso das pessoas e coisas? Em outras palavras: é possível reduzir os impactos negativos da mobilidade e, ao mesmo tempo, aumentar a acessibilidade? Qual mobilidade reduzir? Qual incentivar? Como? Quais são os impactos positivos e os negativos do transporte? É possível que o transporte venha a se transformar em fator de melhoria do meio ambiente, compatível com a ampliação da sua produtividade biológica básica?

Segundo Ribeiro,

> o ser humano interfere sobre o curso da evolução biológica e cultural no planeta. Isso poderá, numa previsão pessimista, levar ao autoextermínio da espécie; numa previsão mediana, a uma degradação crescente; e, numa previsão otimista, ao aprimoramento do próprio processo evolutivo e do ambiente em que vivemos". (Ribeiro, 2013, p. 50)

Como desenhar políticas coerentes com essa terceira possibilidade?

Desde antes de o *Homo sapiens sapiens* desenvolver os primeiros cultivos e dar origem à agricultura, ele se transporta e transporta coisas. Após a invenção da roda, diversas outras inovações tecnológicas – a vela, o astrolábio, o motor a vapor e, depois, à explosão, e muitas outras – levaram ao incremento do número de pessoas e de coisas que se movimentam, por distâncias e a velocidades cada vez maiores, até o momento de globalização atual. Quanto mais se transporta, e quanto mais se transporta de avião, relativamente a veículos sobre trilhos, maior é o impacto sobre o meio ambiente. A frase lapidar – atribuída a Amory Lovins – "a energia mais limpa é a que se deixa de produzir e de usar" pode ser "transportada" para o caso: "o transporte mais limpo é o que se deixa de fazer".

Nos últimos dois séculos, o uso da energia contida nos combustíveis fósseis – que é, essencialmente, a energia acumulada pelos seres que aqui viveram milhões de anos atrás – possibilitou enorme revolução nos transportes, com as ferrovias, os navios, os carros, os caminhões e os aviões. As primeiras viagens aéreas ocorreram há apenas cem anos, mais ou menos, sem contarmos os primeiros balões, de destino incerto, ao sabor dos ventos, e também sem contarmos a célebre e malsucedida viagem de Ícaro.

Essa segunda menção ao mito de Ícaro relembra-nos de que os seres humanos têm limites. Mesmo a evolução tecnológica não será capaz de alterar o fato de que a capacidade de suporte da "fazenda" Terra é limitada; embora essa capacidade possa até ser ampliada, não é possível fazê-lo indefinidamente. Imaginar que será possível "colonizar" outros planetas e neles criar condições para a sobrevivência da humanidade, expulsa da Terra pela degradação provocada pelo próprio humano, é ignorar a realidade do custo exorbitante das viagens espaciais. Quando muito, mesmo supondo-se grandes avanços tecnológicos no próximo século, alguns poucos milhares poderão ser transportados, e a questão básica é: como estes serão selecionados? Serão escolhidos os que puderem pagar mais entre aqueles que apresentarem certas características de pele e nacionalidade?

O fato é que parte da humanidade hiperconsome, a ponto de extrapolar a biocapacidade do planeta, apesar de outra parte carecer de acesso aos mais básicos requisitos de uma sobrevivência digna. Já tendo sido ultrapassados os limites planetários, a superação dessa condição não pode mais se basear em promessas de um "futuro" de abundância, em que a evolução da tecnologia nos salvará. Mudar a rota é fundamental, inclusive no que diz respeito à mobilidade humana e urbana. Não é mais possível extrair do solo, do ar e dos mares e neles lançar os dejetos da atividade humana no mesmo volume e da forma como fazemos hoje.

E o transporte com isso?

Uma comparação simples ajuda a ilustrar. Viajar a 10 quilômetros por hora é hoje tido como demasiadamente lento. É, na realidade, a velocidade que um jovem com ótima forma física consegue percorrer a pé – e se caminhar aceleradamente. Pois bem, caso fosse possível caminhar essa distância verticalmente, em direção ao céu, o andarilho iria além dos limites possíveis para continuar respirando e, sem equipamentos especiais, morreria. Entretanto, é nessa fina camada de gases que vive o ser humano, e é da sua composição que depende a sobrevivência dos seres vivos, humanos inclusive;

não obstante, a prática de lançar gases venenosos nessa fina e delicada película – e o transporte é um dos principais responsáveis por essas emissões – continua a ser "tolerada", e tal ato nocivo é feito em nome do "progresso".[6]

EVOLUÇÃO DO TRANSPORTE

Hoje, estão na ordem do dia pleitos por melhorias na infraestrutura e nos serviços de transporte. Essas demandas, porém, não constituem novidade, pois acompanham a espécie humana há milênios. Estradas e aquedutos construídos pelos romanos são apenas uma das muitas evidências milenares. Evidência mais recente pode ser encontrada na internet: os filmes, de poucos minutos cada, *A luta pelo transporte em São Paulo* e outro sobre o Rio de Janeiro, feitos por Jean Manzon,[7] que dão uma noção das condições de mobilidade vigentes nessas cidades em 1952 e 1954, respectivamente, e das promessas de melhoria de então, parecidas com as atuais.

Mudanças tecnológicas podem reduzir o impacto de cada pessoa ou de cada quilograma transportado por

---

[6] Está bem documentada a prática, tanto no Brasil quanto na Europa e alhures, generalizada até o século XVIII e mesmo o XIX, de lançar à rua, pela manhã, os dejetos humanos recolhidos durante a noite. Há diferença real entre essa prática e o atual lançamento de gases venenosos à atmosfera?

[7] Disponível em: <http://www.antp.org.br/website/noticias/show.asp?npgCode=9122C3A7-F565-41E1-AC4C-792D34653FF4>. Acesso em: 7 abr. 2014.

quilômetro; de fato, isso tem ocorrido, e vários programas governamentais contribuíram para esse resultado. No entanto, o crescimento da quantidade transportada é tão intenso, que, no agregado, os impactos negativos têm prevalecido; isto é, embora tenhamos carros, ônibus e outros meios mais eficientes e menos poluentes, o aumento do número desses veículos supera, em muito, a economia obtida com a maior eficiência. Nos últimos duzentos anos, a revolução e a intensificação do transporte alteraram – e amplificaram – tais impactos. Vale lembrar ainda que, quando os automóveis surgiram – então chamados de carruagens sem cavalos –, a "novidade tecnológica" foi saudada em razão de possibilitar um transporte mais limpo, que livraria as cidades das toneladas de excrementos dos milhares de cavalos que transportavam gente e carga.

Essa percepção parcial dos impactos da tecnologia repete-se inúmeras vezes na história; outro exemplo é a chamada "revolução verde", que possibilitou multiplicar a produção agrícola mundial a partir dos anos 1960 e é usada, ainda hoje, como "prova" de que não haveria limites ao aumento da quantidade dos materiais que são extraídos anualmente do planeta. O exemplo, no entanto, não é feliz: a lixiviação[8] e o posterior transporte até os oceanos, pelos cursos de água, dos nutrientes artificiais que possibilitaram o aumento da produção agrícola

---

[8] Processo de extração de uma substância sólida – químicos presentes no solo, por exemplo – mediante sua dissolução em um líquido, como o efeito da precipitação da água de chuva "lavando" o solo.

na revolução verde têm ocasionado a eutrofização[9] das áreas costeiras e a consequente perda de produtividade biológica nessas áreas, razão pela qual passaram a ser chamadas de "zonas mortas".

Mesmo no restrito campo do transporte, o que é bom e o que é mau por vezes são coisas controversas: construir um novo viaduto é bom? Para quem? Quais são as implicações, de curto e longo prazo, para os humanos e para o meio ambiente? A exigência legal de realizar um estudo de impacto de vizinhança contribui para reduzir os potenciais impactos negativos para os vizinhos e para a cidade, ou apenas "atrasa" o "desenvolvimento"? Mas o que é o "desenvolvimento"? O que é "qualidade de vida"?

No transporte, parece que a *possibilidade* de maior mobilidade é boa e que a sua restrição é ruim. Já a *necessidade* de maior mobilidade é de natureza, no mínimo, dúbia: como é comum se dizer entre profissionais do transporte, muitas pessoas, talvez a maioria, gostam de estar em outros locais, mas raras são as que gostam da viagem em si.

Pode-se alcançar o mesmo nível de qualidade de vida tanto pelo aumento das quantidades transportadas – o que amplia o impacto sobre o meio ambiente – como pelo

---

[9] Processo causado pelo excesso de nutrientes (compostos químicos ricos em fósforo e nitrogênio) numa massa de água, o qual provoca aumento de algas e diminuição do oxigênio dissolvido e, consequentemente, a morte de micro-organismos e alterações no ecossistema.

aumento da proporção em que as necessidades são satisfeitas no local e mediante produção local.[10] O local do impacto se altera, e a exigência de produzir *in loco* o sustento, além de evitar a concentração e a movimentação de grandes massas de pessoas e coisas entre pontos do território, pode deixar mais clara à população a percepção de que são necessárias ações para assegurar a conservação ou preservação das condições adequadas para tal produção; vale dizer: pode induzir maior sustentabilidade.[11] Isso, ainda que muitas regiões hoje densamente habitadas – em especial as grandes metrópoles – não tenham condições de abastecer localmente aqueles que nelas vivem. Essa mudança implicará, também, alterações nos padrões de consumo, as quais devem ser entendidas como transformações, e não como degradação ou perda de qualidade de vida.

Essa última opção – produção local em vez de globalizada –, por inusitada que possa parecer, reduz a necessidade

---

[10] Nesse sentido, redes de aldeias "semiautossuficientes" existentes na Índia e em outras partes do mundo produzem localmente água, energia, alimentos e materiais de construção sem a necessidade de transportes de longa distância; as redes de ecovilas e a filosofia da permacultura também têm tal objetivo. Também aí se fundamenta a experiência das ecovilas, como se pode ver na obra *Meio Ambiente & Ecovilas*, de autoria de Giuliana Capello, publicada em 2013, que constitui o número 21 desta Série Meio Ambiente.

[11] Em termos práticos: caso a legislação exigisse, com credibilidade e fiscalização eficiente, que as pessoas físicas e jurídicas ribeirinhas coletassem água rio abaixo, relativamente ao local onde lançam as águas usadas, a redução da poluição dos cursos de água seria rápida.

e o impacto do transporte, mas é muito mais difícil de ser alcançada, até porque contraria a tendência milenar de ampliação e intensificação do transporte. Sendo verdade, no entanto, que os seres humanos estão exercendo pressão crescente sobre o galho em que se assentam e que o peso da sua pegada está destruindo a única via disponível para a sua sobrevivência, a própria Terra, caso a espécie seja de fato *sapiens*, deverá mudar seus hábitos e costumes. E radicalmente, inclusive no que diz respeito ao transporte.

ONDE SE MOVEM GENTES E COISAS

Ao abordar o meio ambiente urbano, são necessários, desde logo: uma visão holística (ou de conjunto), uma abordagem sistêmica e um tratamento interdisciplinar. Não se pode esquecer que nesse meio ambiente peculiar existem sistemas e subsistemas, forças opostas e convergentes, redes de seres vivos e não vivos, acondicionamentos e estímulos. Nesse verdadeiro emaranhado, como uma espécie de causa que sofre os seus próprios efeitos, está a família humana, que necessita de uma complexa rede de mobilidades.

Lembrando o poema de Drummond, pode-se dizer que a cidade são muitas. A mobilidade urbana é a maneira como os habitantes das diversas "cidades" existentes dentro de cada uma se movem para os diversos ambientes: residência, trabalho, lazer, abastecimento, convívio, estudo, etc.

À medida que uma proporção cada vez maior dos habitantes do planeta vive em cidades, cada vez mais as cidades são as sociedades que construímos.

A cidade, que inclui as áreas que a abastecem e as que recebem seus dejetos, é provavelmente a maior obra da espécie humana. Com a maior densidade de ocupação, ela extrapolou os limites legais e se tornou maior do que o município. São raros, se houver, os municípios em que a população pode sobreviver apenas com os recursos existentes em seu território. Fosse a Terra um município – e, em um sentido muito concreto, ela o é –, a sua falência estaria próxima, pois despende mais recursos do que lhe permite seu orçamento, como indicam a pegada ecológica e as fronteiras planetárias. Esse "déficit orçamentário" não é sustentável.

Discutir mobilidade urbana exige falar da cidade, do seu desenvolvimento, da forma que assume o aglomerado em razão da distribuição espacial dos diversos locais onde são exercidas as "funções" urbanas: morar, trabalhar, comprar, descartar, estudar… enfim, viver – e ainda é preciso encontrar lugar para enterrar os mortos! Tendo Chicago como referência, o grande pensador alemão Max Weber (*apud* Naim, 2013, p. 67) afirmou que a cidade "é como um ser humano com a pele levantada e seus intestinos à mostra, em pleno funcionamento". A observação vale para todas elas.

As distâncias entre os locais em que essas atividades são exercidas determinam a necessidade de locomoção, e o tamanho e a densidade da cidade são indicadores do volume de gente e coisas a ser movimentado. Além disso, com o passar dos anos, os equipamentos urbanos tendem a ter a sua funcionalidade alterada, dando origem a regiões degradadas ou valorizadas, novas áreas, novas atividades, movimentações, etc., alterando os fluxos de transporte.

A necessidade de locomoção e a maneira como é feita são dois dos principais determinantes da qualidade de vida urbana, que, por sua vez, é muito variável, entre cidades e dentro de cada uma delas: trabalhar perto de casa, ou em casa, passa a ser um critério de bem-estar nos grandes centros e elimina a necessidade de deslocamentos motorizados.

O estudo da mobilidade deve considerar tudo o que entra e tudo o que sai da cidade, assim como a movimentação que ocorre dentro dela. Apesar disso, a maioria das análises sobre "mobilidade urbana" considera "apenas" a movimentação de pessoas. A palavra "apenas" fica entre aspas porque essa movimentação, por si só, já é muito complexa e dinâmica e guarda peculiaridades que exigem conhecimento especializado.

Não obstante, tudo o que entra ou sai ou é deslocado dentro do ambiente urbano afeta a maneira como todas as pessoas e coisas se movem ou são movidas, num processo de competição, cooperação e interação permanente. Não pode haver mobilidade de pessoas sem que haja também movimentação dos suprimentos necessários para que elas vivam, assim como dos dejetos inevitavelmente gerados.[1] Embora focalize a questão dos movimentos das pessoas, a visão do problema fica incompleta caso não se considere, ainda que superficialmente, o transporte das coisas.

Levar e trazer cargas e lixo é atividade essencial e compartilha e disputa com o transporte de passageiros a mesma infraestrutura viária, de sinalização, de controle e de fiscalização, etc., mesmo que pessoas eventualmente sejam movimentadas por vias segregadas e exclusivas.

A MOBILIDADE DAS ÁGUAS

Outro aspecto raramente incorporado às análises da mobilidade urbana é a necessidade de considerar, na construção da cidade e de cada novo bairro ou mesmo prédio, a inevitável movimentação das águas, tanto potáveis quanto pluviais e sujas.

A movimentação das águas também usa – com peculiaridades – grande parte da infraestrutura urbana e é condicionada por ela. O abastecimento de água, atualmente, tende

---

[1] Reconhecer que a geração de dejetos é inevitável não implica aceitar que se gere tanto lixo como se faz hoje: mesmo sem estatísticas precisas, é certo que a redução da geração de lixo acarretaria menos tráfego dos veículos de coleta, menos congestionamentos e também menos poluição do ar e sonora. Uma menor quantidade de lixo em certas áreas da cidade permitiria, ainda, ampliar a cobertura territorial do serviço de coleta a regiões desatendidas.

a ser feito mediante tubulações, assim como o descarte dos esgotos; noutras épocas, no próprio Brasil, parte dessa movimentação era executada pelos escravos. Ainda hoje, partes de cidades como o Rio de Janeiro são abastecidas por carros-pipa. As águas pluviais escorrem pelas ruas até encontrarem dutos de canalização, quando existem. Sem eles, ou quando são insuficientes, mal planejados ou entupidos pelo descarte inadequado de dejetos, essas águas por vezes geram alagamentos de baixadas e deslizamentos de encostas. Em sua trajetória morro abaixo, o caminho das águas é barrado por aterros e edificações, algumas das quais erigidas para possibilitar a movimentação de veículos, criando desvios que levam a enxurrada a passar sob ou sobre pontes, a alagar áreas, a causar prejuízos elevados e mortes. Nesse processo, o transporte de coisas e de pessoas é completamente interrompido. Por aí se vê que a drenagem urbana é um dos grandes problemas ambientais das nossas cidades: de engenharia, de estética e de saúde pública.

É essencial para a qualidade de vida urbana, portanto, "transportar" essas águas de maneira adequada, ou, melhor dizendo, abrir espaços para que as águas – inevitáveis sempre que chova – fluam sem maiores danos e, ao menos em parte, infiltrem-se no solo e, assim, reabasteçam os lençóis subterrâneos. Para isso, é necessário manter áreas permeáveis suficientemente amplas, que, ademais, tendem a se transformar em opções de lazer gratuito para a população. Vejam-se, a propósito, imagens disponíveis na internet do aprazível parque ao longo do rio Bourne, no trecho em que atravessa a cidade inglesa de Bournemouth.[2]

Ao longo do tempo, a expansão urbana que leva em conta a movimentação das águas reduz consideravelmente os custos humanos e econômicos da cidade,[3] além de torná-la mais aprazível e convidativa a turistas e negócios. Nos próximos anos e décadas, com a intensificação dos eventos climáticos decorrentes das mudanças causadas pelo efeito estufa, a continuidade da ocupação do solo sem levar em consideração, além da articulação com as demais "funções urbanas", o crescimento previsto dessa movimentação de águas ocasionará enchentes e outros desastres com elevados custos para a sociedade.

Ainda com relação à água, vale registrar os seguintes impactos, decorrentes da forma de urbanização, e lembrar

---

[2] Uma busca na internet com as palavras "Bournemouth Pleasure Gardens" mostra o resultado de uma política já centenária de preservação sem que seja necessário viajar até lá. Opcionalmente, ver Bournemouth Pleasure Gardens, Hengistbury-Head. Disponível em: <http://www.hengistbury-head.co.uk/bournemouth-pleasure-gardens.htm>. Acesso em: 7 abr. 2014.

[3] Nesse sentido, cumpre fazer referência a um programa implantado na Holanda. Dadas as perspectivas de eventos climáticos extremos em decorrência das mudanças climáticas, o país, localizado a baixa altitude, na foz de grandes rios, com 55% das áreas residenciais sujeitas a enchentes, implantou, na última década, o programa "Abrir espaço para as águas" ou "Abrir espaço para o rio" (conforme a tradução). Reconhecendo que a estratégia secular de construir diques de contenção não seria mais suficiente, os holandeses passaram a ampliar as áreas de acomodação dos leitos dos rios. Para detalhes, ver ClimateWire (2002).

diversas semelhanças com o que ocorre com a mobilidade de pessoas e coisas:

> À medida que a cidade se urbaniza, em geral, ocorrem os seguintes impactos: aumento das vazões máximas [...] devido ao aumento da capacidade de escoamento através de condutos e canais e impermeabilização das superfícies; aumento da produção de sedimentos devido à desproteção das superfícies e à produção de resíduos sólidos (lixo); e deterioração da qualidade da água, devido à lavagem das ruas, ao transporte de material sólido e às ligações clandestinas de esgoto cloacal e pluvial. Adicionalmente, existem os impactos da forma desorganizada como a infraestrutura urbana é implantada, tais como: (i) pontes e taludes de estradas que obstruem o escoamento; (ii) redução de seção do escoamento nos aterros; (iii) deposição e obstrução de rios, canais e condutos de lixos e sedimentos; (iv) projetos e obras de drenagem inadequadas. As ações públicas atuais, em muitas cidades brasileiras, estão indevidamente voltadas para medidas estruturais com visão pontual. *A canalização tem sido extensamente utilizada para transferir a enchente de um ponto a outro na bacia, sem que sejam avaliados os efeitos a jusante ou os reais benefícios das obras.* O prejuízo público é dobrado, já que, além de não resolver o problema, os recursos são gastos de forma equivocada. Esta situação é ainda mais grave quando se soma o aumento de produção de sedimentos (reduz a capacidade dos condutos e canais) e a qualidade da água pluvial (associada aos resíduos sólidos). (Tucci em Rebouças, Braga, Tunclisi, 1997, p. 4, grifo nosso)

O trecho grifado destaca a similaridade entre muitos dos investimentos em mobilidade e as citadas canalizações.

Tucci adiciona, ainda, o seguinte comentário, mais geral, que ilustra o quadro em que crescem as cidades brasileiras:

> O desenvolvimento urbano brasileiro tem sido concentrado em regiões metropolitanas e em cidades-polo regionais. O planejamento urbano, embora envolva fundamentos interdisciplinares, na prática é realizado dentro de um âmbito mais restrito do conhecimento. A ocupação do espaço urbano não tem considerado aspectos fundamentais, que trazem grandes transtornos e custos para a sociedade e para o ambiente [e têm] produzido aumento significativo na frequência das inundações, na produção de sedimentos e na deterioração da qualidade da água. (Tucci em Rebouças, Braga, Tunclisi, 1997, p. 4)

A citação, embora referente às águas, permite destacar três pontos elementares que também definem parâmetros para a mobilidade urbana: o planejamento urbano, embora envolva fundamentos interdisciplinares, na prática tem sido realizado dentro de um âmbito mais restrito de conhecimento, qual seja, elevada prioridade à valorização do capital investido na propriedade imobiliária e na construção de imóveis; há, aí, duplo prejuízo ao público, pois as ações governamentais não resolvem o problema e os recursos são gastos de forma inadequada; por fim, a maneira como se ocupa o solo contribui decisivamente na qualidade – boa ou má – do transporte entre as diversas partes da cidade.

Há, ainda, um quarto ponto, não tão elementar, que também merece destaque: como se viu, a urbanização – da maneira como tem ocorrido, sem o concurso de um urbanismo disciplinador – amplia a vazão máxima das águas pluviais. Ao mesmo tempo, as previsões são no sentido da intensificação dos eventos extremos, entre eles chuvas torrenciais. A junção desses fatores, infelizmente, permite prever – salvo mudanças profundas no processo histórico de parcelamento, de ocupação e de uso do solo, do qual deriva parte dos demais problemas, como enchentes – tragédias ainda maiores nas grandes, médias e pequenas cidades brasileiras. A falta de "hidroconsciência" de autoridades, planejadores e empreendedores imobiliários tem consequências graves e custosas.

A MOBILIDADE DOS VENTOS

Vista a questão básica da movimentação das águas, vejam-se a movimentação dos ventos e sua contribuição, ou não, na limpeza das emissões gasosas feitas na cidade pelos humanos ou para tornar mais amenos os ambientes tropicais. Vale observar como as brisas podem proporcionar melhor qualidade de vida e como interagem com a poluição, inclusive para tentar aprender maneiras de se defender dos prováveis ventos mais fortes decorrentes de mudanças climáticas.

Há evidência de que, há tempos, a bacia aérea de São Paulo – área em que o relevo, os ventos e outras condições de dispersão de poluentes determinam o impacto das atividades humanas na qualidade do ar – está saturada; basta essa informação para justificar a análise do movimento dos ventos. Da mesma forma, ainda que em intensidades diferentes, estão saturadas bacias aéreas de outras partes do mundo, o que contribui, segundo a OMS, para a morte, a cada ano, de cerca de 2 milhões de pessoas em decorrência da poluição do ar; para maior clareza, esse número equivale a um terço do total de assassinados no Holocausto durante os seis anos da Segunda Guerra Mundial.

No Brasil, com a sua diversidade, a variação da qualidade do ar é enorme, e os dados, muito limitados. Há experiências bem-sucedidas de redução da poluição atmosférica de origem industrial, como a de Cubatão e a de Belo Horizonte, e, no tocante aos veículos, a do Programa de Controle da Poluição do Ar por Veículos Automotores (Proconve), de alcance nacional, é relevante e positiva (e será vista no capítulo "A mobilidade no Brasil"). A carência de dados, porém, é sufocante.

Um poluente atmosférico é definido como

> qualquer substância presente no ar e que, pela sua concentração, possa torná-lo impróprio, nocivo ou ofensivo à saúde, causando inconveniente ao bem-estar público, danos aos materiais, à fauna e à flora ou prejudicial à segurança, ao uso e gozo da propriedade e às atividades normais da comunidade. (Cetesb, s/d.)

Os poluentes atmosféricos dividem-se em primários, quando emitidos pela fonte, e secundários, quando formados na atmosfera pela reação química entre os componentes naturais desta e os poluentes primários nela lançados. A interação entre as fontes de poluição e a atmosfera define o nível de qualidade do ar.

O relatório da Cetesb (2013) estima as contribuições relativas das várias fontes de poluição do ar na região metropolitana de São Paulo. Além das muitas ressalvas acerca das limitações dos dados disponíveis, destacam-se as seguintes informações: os veículos, aí incluídos desde motos até caminhões, são responsáveis por 97% da emissão de monóxido de carbono (CO); 76,7% dos hidrocarbonetos (HC); 80% do óxido de nitrogênio (NO_x); 40% do material particulado (MP) com diâmetro superior a 10 mícrons (MP10); e 36,8% do óxido de enxofre (SO_x).

Desses totais, a contribuição relativa dos vários tipos de veículos, assim como dos processos industriais, é mostrada no quadro 1. A ampla variação da contribuição de cada tipo de veículo, conforme o poluente considerado, deve-se ao fato de que diferentes motores emitem distintos poluentes. Fica claro que os automóveis são campeões.

Quadro 1. Contribuição relativa das fontes de poluição do ar na região metropolitana de São Paulo em 2012

Categoria	Poluentes (%)				
	CO	HC	NO_x	MP10	SO_x
Automóveis	65,03	53,92	14,12	1,49	22,27
Comerciais leves	7,20	6,04	4,52	1,77	4,26
Caminhões	3,64	3,57	37,28	21,03	7,80
Ônibus urbanos	1,83	1,86	18,61	11,65	0,63
Ônibus rodoviários	0,42	0,44	4,34	2,71	0,87
Motocicletas	18,85	10,92	0,99	1,35	63,22
Operação de processos industriais	3,03	13,49	20,14	10,00	–
Outras	–	9,76	–	50,00	–
Total	100,00	100,00	100,00	100,00	100,00

Fonte: Cetesb (2013).

Diz a Cetesb:

Na RMSP, onde grande parte das emissões de material particulado tem origem veicular, quando se comparam as concentrações atuais com as observadas no início da década, observa-se que houve melhoria nos níveis de concentração deste poluente, em função das ações e programas de controle de emissões ao longo dos anos, dos quais se destacam o Proconve e o programa de fiscalização de veículos pesados que emitem fumaça preta em excesso, desenvolvido pela Cetesb. Entretanto, verifica-se que a partir de 2006 houve uma interrupção na tendência de queda dos níveis de MP10, sendo que a estabilidade observada nos últimos anos parece indicar que, mesmo com as emissões veiculares cada vez mais baixas, estas são suficientes apenas para compensar o aumento da frota e o comprometimento das condições de tráfego. (Cetesb, 2013, p. 50)

Uma observação fundamental a registrar é que os padrões de qualidade do ar vigentes no Brasil foram definidos em 1990 e, ao contrário do que ocorreu em outros países, jamais atualizados em razão da evolução dos conhecimentos sobre os danos causados à saúde pelos diversos poluentes monitorados. Além disso, a norma estabelece limite para o material particulado maior do que 10 mícrons, mas se cala quanto ao menor do que 2,5 mícrons. Por ser tão pequeno, esse material penetra no organismo humano com relativa facilidade e causa doenças respiratórias, cardiovasculares e mesmo câncer, porém o governo brasileiro, diferentemente do de alguns países europeus, por exemplo, ainda não encontrou definição ou tratamento para o problema.

Agrava a situação a carência de estações de monitoramento, sua eventual localização inadequada, sua defasagem tecnológica e, ainda, a ausência de cumprimento, pelos estados, da obrigação legal de publicar regularmente relatórios sobre a situação corrente.

A OMS coloca o Brasil em 44º lugar entre os países com o ar mais poluído, e a cidade do Rio de Janeiro, na 144ª posição entre as 1.100 cidades mais poluídas. Na Cidade Maravilhosa, o nível de concentração do poluente considerado, o material particulado superior a 10 mícrons, é três vezes superior ao recomendado pela OMS; a cidade dos bairros Copacabana e Ipanema é mais poluída do que Seul, Istambul, Dar Es Salam e Tijuana (Chade, 2011). As informações analisadas sobre o Brasil baseiam-se em dados coletados em 68 estações e em quatro estados. A insuficiência da base informativa é evidente.

Essa concentração de poluentes na atmosfera tem fortes impactos na saúde dos habitantes. Saldiva e Vormittag (*apud* Silva, 2013) concluem que, em São Paulo, uma redução de 10% nos poluentes entre os anos 2000 e 2020 poderia evitar 114 mil mortes, 118 mil visitas de crianças e jovens a consultórios médicos, 103 mil a prontos-socorros e 2,5 milhões de ausências ao trabalho. Vormittag diz que

> na capital paulista, o número de óbitos (em decorrência da poluição) é cerca de três vezes maior do que as fatalidades por acidentes ou câncer de mama e seis vezes maior do que os casos de aids ou de câncer de próstata [...]. Entre 2006 e 2011, houve um total de 100 mil mortes atribuíveis à poluição em todo o Estado. (Vormittag *apud* Torres, 2013)

Recentemente, a OMS afirmou que a poluição veicular é causadora de câncer.[4]

Vista a questão da qualidade do ar no Brasil, vale examinar o que se faz em Stuttgart, na Alemanha.

Há muito a aprender com essa cidade, hoje com cerca de 600 mil habitantes e parte de uma metrópole com

---

[4] É ilustrativo o vídeo em que Paulo Saldiva explica algumas das implicações da poluição do ar. Disponível em: <http://www.youtube.com/watch?v=sDW_yGB9xEE>. Acesso em: 7 abr. 2014.

2,6 milhões. Situada em um vale e cheia de indústrias já no século XIX, desde então houve em Stuttgart grande preocupação com a qualidade do ar, assim como se buscaram iniciativas para garantir sua boa qualidade. Inicialmente, abordou--se a questão com ênfase na direção e capacidade dos ventos dominantes para limpar o ar da cidade; mais tarde, a análise incorporou a noção de microclima local e seus determinantes também locais. Hoje, com o uso de modelos numéricos do clima, logra-se uma ampla e confiável base de dados que dá suporte e orienta o planejamento urbano.

Hebert e Webb apresentam a situação de Stuttgart. Os autores mostram como os ventos afetam a qualidade da vida cotidiana e argumentam que, muitas vezes, a atenção se concentra nos riscos catastróficos de inundação, seca, tufões ou extremos de calor ou frio. Entretanto, o foco nos desastres desvia a atenção:

> De fenômenos climáticos de alta frequência e microescala criados no ambiente antropogênico da cidade, tal como a circulação local dos ventos regionais, a poluição e sua dispersão nas brisas, os fluxos noturnos de ar frio, variações de temperatura e umidade, os padrões espaciais de sol e sombra, abrigo da chuva e vento e fatores similares que são significativos para a vida cotidiana. [...] A ventilação do ar e a umidade afetam diretamente o conforto humano e a habitabilidade dentro do espaço urbano. (Hebert e Webb, 2012, p. 125)

A agência municipal de proteção ambiental de Stuttgart foi criada em 1938, mas já em 1868 existia a preocupação de garantir, em novos bairros, "acesso ilimitado à luz e ao ar". A geração artificial de *fog* para obstruir a visão dos invasores durante a Segunda Guerra Mundial gerou, como subproduto, a identificação de sistemas de drenagem de ar frio, e a manutenção desses ventiladores naturais tornou-se um componente-chave da política de planejamento na cidade.

Atualmente, os amplos conhecimentos acumulados se transformaram em princípios e práticas incorporadas pelas instituições locais de "governança" com o objetivo de tornar o ambiente urbano mais confortável e habitável para os residentes e visitantes. Os mapas climáticos orientam o planejamento e destacam vias onde o tráfego supera 15 mil veículos/dia, e empreendimentos adjacentes devem fazer e avaliar previsões sobre a poluição decorrente de sua operação. Hoje, há regras para "esverdear" a fachada dos edifícios, sobre o papel de telhados verdes, sobre a disposição ótima dos edifícios nos terrenos, sobre corredores verdes e sobre ações de "pacificação do trânsito" (Hebert e Webb, 2012).

Por fim, e ainda para falar de ventos, é importante considerar a questão das ilhas de calor. Catuzzo (*apud* Maciel, 2013) desenvolveu tese de doutoramento em que efetua comparação entre dois prédios próximos, no centro da cidade de São Paulo; um, o conhecido prédio da prefeitura municipal, possui muitas árvores no telhado, enquanto o outro possui telhado de concreto. A amplitude diária de variação de temperatura no topo do edifício com jardim chegou a ser 6,7 °C

MEIO AMBIENTE & MOBILIDADE URBANA

menor do que no segundo prédio, e a umidade foi maior, assim como o nível de conforto.

Ainda segundo Catuzzo, em diversos países, inclusive na Argentina, já existe política pública com incentivos financeiros e fiscais à promoção do uso de telhados verdes. A ideia, praticamente desconhecida no Brasil, é sem dúvida boa, necessária e urgente, se bem que ainda limitada quando comparada à situação de Stuttgart.

As ilhas de calor decorrem do fato de que o clima urbano resulta da interação entre a radiação recebida e a radiação refletida pelos tipos de materiais construtivos utilizados: asfalto, grama, concreto, vidro, água, etc. Em regiões tropicais, essas ilhas agravam a sensação de desconforto térmico. Parece que o impacto delas sobre a mobilidade urbana ainda não foi estudado, mas basta mencionar dois aspectos para se concluir que as ilhas de calor contribuem, e não pouco, para a emissão de poluentes pelo transporte. Primeiro, elas intensificam a demanda e o uso de ar-condicionado veicular, doméstico e comercial, com o consequente aumento da emissão por parte de cada veículo e na geração de energia necessária para climatizar os ambientes domésticos e comerciais. A propósito, a qualidade do ar no interior desses edifícios e veículos parece ser uma incógnita. Um segundo impacto das ilhas de calor sobre a mobilidade, numa dimensão também pouco estudada, está no modo como elas afetam os operadores dos veículos: passar o dia dirigindo um ônibus entre ilhas de calor sem ar-condicionado nem câmbio automático, com o calor do motor próximo ao corpo, e ainda tratar bem passageiros e demais motoristas é desafio que exige resistência sobre-humana e treinamento que aparentemente não estão disponíveis.

O USO DO SOLO

A forma como se parcela, ocupa e usa o solo sobre o qual se edifica a cidade define, em larga medida, as condições de mobilidade tanto das águas como dos ventos, das gentes que nela vivem, das coisas de que necessitam e, ainda, dos dejetos que geram. Cidades mais compactas – até certo ponto, e esse item será explorado adiante –[5] e com uso diversificado do solo contribuem para que a população tenha acesso às funções urbanas sem necessidade de grandes equipamentos de infraestrutura ou de sistemas operacionais de mobilidade para tornar viável esse acesso.

---

[5] A cidade compacta ou mais densa possibilita, entre outras coisas, maior número de passageiros por quilômetro rodado por um veículo de transporte coletivo. Não obstante e ainda que os limites não sejam claros, pode-se observar um "excesso" de compactação, por exemplo, em Mumbai, na Índia. Segundo Parasuraman (2007), "cerca de 60% da população da cidade vive em áreas de favelas, ocupando meros 8% da área urbana, e suas vidas se caracterizam por habitações degradadas, higiene deficiente, congestionamento, serviços civis inadequados e ainda periferias em crescimento favelizando seus subúrbios".

MEIO AMBIENTE & MOBILIDADE URBANA

Cidades mais compactas não são simplesmente cidades com elevada (relativamente) densidade demográfica; são cidades em que há mistura de usos, residências próximas a escolas, oportunidades de trabalho – não poluentes, por certo – e lazer, de forma a permitir o deslocamento não motorizado. É importante lembrar que, em cidades com milhões ou dezenas de milhões de habitantes, muitas distâncias serão tão longas, que sempre haverá a necessidade de grandes equipamentos com capacidade para transportar milhares delas em tempo reduzido. O planejamento urbano, sem dúvida, também é necessário em grandes cidades, até para promover uma redistribuição de funções ou atividades urbanas que minimizem essa mesma necessidade de movimentação.

Ainda sobre o relativismo da questão das cidades compactas – até certo ponto, como dito acima –, registre-se que a região metropolitana de São Paulo possuía, em 2010, densidade de 2.447 habitantes por quilômetro quadrado, enquanto em Curitiba – a menos densa entre as nove maiores regiões metropolitanas (RM) brasileiras – a densidade era de 209 habitantes por quilômetro quadrado. Não obstante a primeira ser muito mais compacta, nela, o tempo médio gasto pelos cidadãos no trajeto casa-trabalho é de 42,8 minutos, e, em Curitiba, de 32,1. O tamanho de São Paulo ajuda a explicar o diferencial.

Assim, embora a ação de tornar a cidade mais densa e completa tenha impacto positivo sobre a questão da mobilidade ao reduzir a necessidade de movimentação, há limites – ainda que não facilmente identificáveis e claros – para essa maior concentração, cujos efeitos positivos apenas ocorrem caso haja, também, maior diversidade de uso do solo.

Essa é uma das razões pelas quais há grande preocupação, principalmente nas cidades do chamado Primeiro Mundo, com maneiras de planejar e implantar o que tem sido chamado de "gestão da demanda", forma branda de se referir às diversas maneiras de tentar *reduzir* a necessidade de movimentação. Maneiras ainda mais amplas de "administração da demanda", que promovessem a prosperidade de cidades menores para que estas recebessem a população adicional, evitando o agravamento dos congestionamentos nas grandes, em muito contribuiriam para tornar a mobilidade mais sustentável. Ao menos, isso poderia ocorrer em países como o Brasil, onde a carência de recursos se verifica simultaneamente à concentração de atividades em grandes centros. Um maior equilíbrio da "rede de cidades" possibilita melhor qualidade de vida tanto nas grandes quanto nas pequenas cidades; nestas, é mais fácil melhorar a mobilidade com menos efeitos negativos ao ambiente, e a população pode ser mais bem servida com investimentos menores. Por outro lado, o adensamento e a verticalização do crescimento das pequenas e médias cidades, por vezes vistos como sinal de "progresso", podem, por exemplo, congestionar as vias próximas e inviabilizar o uso de equipamentos de geração distribuída de energia solar, em razão dos cones de sombreamento das vizinhanças, criados pela altura das edificações. O direito ao sol é uma questão relevante numa cidade com maior geração de energia solar.

A REDE DE CIDADES

Há, então, que se indagar o que vem a ser uma "grande cidade". Ao se analisar São Paulo ou Tóquio, não há dúvida de que se fala de uma grande cidade. No entanto, o conceito é necessariamente relativo. Na Europa, cidades com 500 mil habitantes são tidas como grandes, enquanto no Brasil elas têm sido chamadas de "médias". Em parte, isso se deve a que a existência de múltiplas funções em determinado local confere a esse ponto do território a característica de "lugar central" ao qual acorrem as pessoas que vivem nas imediações, em busca de "funções" não disponíveis nos locais menores, circundantes.

Assim, o "tamanho" da cidade será sempre, além de fato objetivo, medido, por exemplo, pela quantidade de pessoas que nela residem, também uma questão relativa à rede urbana na qual se insere. Duas cidades com a mesma população, uma na Europa e outra no Brasil, se diferenciarão em termos das "funções" nelas existentes: no velho continente, haverá maior variedade do que do lado de cá do Atlântico. Isso, por vários motivos, entre eles o nível e a distribuição de renda e a educação, que possibilitarão a diversas atividades econômicas e culturais prosperarem nas pequenas cidades de lá, mas não nas daqui; com renda mais elevada e menos concentrada, a mesma quantidade de pessoas representa um mercado maior lá do que aqui, para quase todos os produtos e serviços.

O reverso da medalha é, talvez, ainda mais importante: a menor variedade e disponibilidade de "funções" ou serviços urbanos constitui empecilho à instalação, na cidade menos dotada, de outros serviços. Por exemplo, são inúmeros os casos de atividades cujo local de instalação é decidido em razão do "conforto" – entendido como a qualidade e a variedade de serviços existentes – oferecido àqueles que trabalharão no novo empreendimento.[6] A criação de Zonas de Processamento de Exportações (ZPEs), ou de Zonas de Livre Comércio (ZLCs), tão amplamente demandadas por políticos representantes de locais relativamente ermos, com frequência não apresenta resultados em termos de efetiva promoção do "desenvolvimento" local porque faltam a esses sítios universidades, cinemas, escolas, telefonia e internet de qualidade, etc.

Assim, no Brasil, o grande desequilíbrio na oferta de serviços entre as grandes e as pequenas cidades é uma das causas dos congestionamentos verificados nas primeiras. Uma política nacional de mobilidade, portanto, deve contemplar,

---

[6] Os economistas chamam de "economias de aglomeração" o fato de a existência de mais serviços num local atrair outros.

também, ações para promover a redução desse desequilíbrio ou, noutras palavras, ações para estimular a construção de uma rede de cidades mais integrada e equilibrada, na qual haja complementaridade. Essas ações buscariam compensar as economias de aglomeração, até para evitar as "deseconomias de aglomeração", perceptíveis nas maiores cidades em razão dos congestionamentos e do elevado preço da terra. Mais do que descartar qualquer proposta no sentido de buscar maior equilíbrio na rede urbana – que por vezes pode parecer irrealista, dada a grande força de atração das grandes metrópoles –, a enorme oportunidade existente é que deve ser explorada: afinal, o Brasil é dos primeiros países do mundo no que diz respeito à disponibilidade de terras e ao potencial de grande dispersão da população – de maneira ordenada, espera-se, e não como tem ocorrido historicamente. A difusão das tecnologias de informação e telecomunicação é aspecto que facilita essa mudança ao permitir a troca e o acesso à informação sem a movimentação física de longa distância.

Vale, aqui, uma aparente digressão. Qual é a distância média que um brasileiro deve percorrer para exercer a singela atividade de ir ao cinema? Uma resposta precisa exigiria cálculos complexos; um indicador indireto, porém, dá uma ideia da acessibilidade dos brasileiros ao cinema: no país, menos de nove em cada cem municípios possuem essa opção de lazer (Ministério da Cultura, 2010).

Esse fato é suficiente para não deixar dúvidas de que a dificuldade de acesso veda essa distração a milhões de brasileiros. A evolução da tecnologia, porém, com os *DVD players* e a internet, tornou possível assistir a filmes sem a necessidade de "ir ao cinema". Embora a experiência pessoal de assistir a filmes em casa seja distinta, deve-se registrar que passou a existir a possibilidade de acesso sem a necessidade de se movimentar e, pois, sem agravar a questão da mobilidade. E com menores custos para o cidadão!

A referência é importante porque, no que diz respeito ao enfrentamento das questões da mobilidade e da acessibilidade, uma das fortes tendências em diversas partes do mundo é exatamente a de procurar maneiras de reduzir a quantidade de movimentação de pessoas e coisas – a administração da demanda –, não apenas por conta dos impactos benéficos sobre a mobilidade, mas também porque isso implica menores danos ambientais. A complexidade do problema significa que não há receita pronta, como evidencia o fato de que inúmeras cidades mundo afora têm experimentado programas os mais diversos visando a esse objetivo. Alguns exemplos de boas práticas serão apresentados no capítulo "Tendências da tecnologia e da organização da mobilidade".

A referência ao cinema ilustra ainda como a disponibilidade – e a localização – de certos equipamentos impacta a mobilidade e a acessibilidade. Se, numa localidade, existirem cinemas em diversos bairros, o acesso a esse lazer será facilitado, com implicações positivas para a mobilidade. O mesmo vale para as mais diversas atividades e ajuda a compreender como o uso do solo e a existência de cidades compactas e diversificadas, assim como de uma rede de cidades mais equilibrada, afetam a necessidade de transporte.

CIDADES COMPACTAS OU COMPLETAS?

Como assinalado, as cidades são diferentes. Definem essas diferenças constrangimentos topográficos, a localização de transporte público e de outros equipamentos de infraestrutura e ainda as instituições e a história de cada local. Em estudo da London School of Economics and Political Science (LSE Cities, 2011) que compara nove grandes cidades, mais uma vez fica claro que a maneira como se ocupa o solo, além de outros fatores, impacta fortemente a mobilidade. A densidade populacional das cidades pesquisadas varia de alta, em Hong Kong, Mumbai e nas áreas centrais de Xangai e Istambul, a relativamente baixa, em Londres. São Paulo tem diversos centros, e seu padrão de densidade é considerado, em geral, similar ao da Cidade do México. A *skyline* paulistana é dominada por altos edifícios de apartamentos, ao passo que, na Cidade do México – construída sobre terreno lacustre ou pantanoso, sujeito a terremotos –, as edificações são mais baixas, o que mostra que elevadas densidades podem ser alcançadas por diferentes tipos de construções.

O mesmo estudo mostra que a infraestrutura de transporte é crítica para a definição da forma urbana, pois possibilita a centralização de funções econômicas e a acomodação de uma população crescente. Sem o transporte público, ruas que ocupam grandes espaços dominam, resultando em maior dispersão e congestionamentos.

> Como Hong Kong, Mumbai e Istambul são constrangidas pela topografia e desenvolveram transporte público eficiente e [economicamente] acessível. São Paulo e a Cidade do México, sem constrangimentos topográficos, deixaram o carro dominar, apesar de que o metrô da Cidade do México, com 177 km, transporta a mesma quantidade de pessoas que o de Londres, com 402 km. Xangai tem investido pesado em metrô e transporte por trilhos, enquanto Johanesburgo, com insuficiente transporte público economicamente acessível, depende bastante – como São Paulo e a Cidade do México – de sistema informal de *vans* e táxis coletivos. O transporte público responde, respectivamente, por 40% e 50% das viagens em Londres e Hong Kong,[7] e 60% das viagens por motivo de trabalho em Nova York. Em Hong Kong, perto de 45% das viagens são feitas a pé, o que lhe dá, junto com as elevadas taxas de uso do transporte público, a mais "verde" distribuição modal entre as cidades dessa era urbana, no mundo desenvolvido. Apesar dos distintos perfis socioeconômicos,

---

[7] Não obstante, as ruas de Hong Kong apresentam uma das mais elevadas densidades do mundo: cerca de 280 carros por quilômetro (Sperling e Gordon, 2008).

aproximadamente a mesma quantidade de pessoas dirige em Johanesburgo e em Londres, refletindo a carência de transporte público na cidade sul-africana. Um terço de todas as viagens em São Paulo e na Cidade do México é feito por automóvel privado, e apenas 6% em Mumbai. O transporte não motorizado cresce em cidades densas e menos desenvolvidas: 45% das viagens em Istambul são a pé, e em Mumbai e Xangai mais da metade é feita a pé ou em bicicleta. Mesmo em cidades com um bom sistema de metrô, como no México, o transporte informal com frequência domina, refletindo o desencontro entre os padrões de viagens e a infraestrutura, assim como o alto custo do transporte público. Ainda comparando as cidades, Hong Kong apresenta uma taxa de assassinatos de menos de 1 caso por 100.000 habitantes, Istambul e Mumbai com menos de 3; já em São Paulo, em Johanesburgo e na Cidade do México, as taxas ficam entre 13 e 21 assassinatos por 100.000 habitantes. Embora a Cidade do México tenha renda *per capita* de cerca de um terço da de Nova York (US$ 18,3 mil contra US$ 55,7 mil), os residentes do país latino possuem quase duas vezes mais carros do que os nova-iorquinos: 360 por mil habitantes, contra 209), usam praticamente a mesma quantidade de água (324 litros/dia) como Londres. Johanesburgo, Londres, Hong Kong e Cidade do México emitem quantidades semelhantes de CO_2 por habitante; a quantia dobra em Xangai, com mais de 10.000 kg por pessoa por ano, o que se deve (também) à presença de muitas indústrias pesadas na região. Por outro lado, Istambul, com 38% da sua força de trabalho ocupada no setor manufatureiro, produz apenas 2.720 kg por pessoa/ano. Os residentes de Mumbai emitem apenas 371 kg, menos de 10% dos habitantes das outras cidades globais. (LSE Cities, 2011)

VIAJAR: DEMANDA DERIVADA

A probabilidade é que o número atual de urbanoides dobre nos próximos trinta anos, pois é principalmente nas cidades que se situam as oportunidades de emprego, de lazer, de encontros, de interação social, de compras, etc. Os locais em que essas atividades são desempenhadas se distribuem pelo espaço urbano, e essa distribuição é fator de grande importância na determinação da demanda por mobilidade. Esta última é, assim, caracterizada como uma "demanda derivada".

> É essencial reconhecer que viajar é uma demanda derivada; isto é, derivada da necessidade das pessoas de interagir social e economicamente. O objetivo final da maioria das viagens é encontrar um amigo, auferir renda, frequentar escola ou comprar um produto, não a viagem em si. Carros, trens, ônibus e bicicletas são simplesmente meios para alcançar esses objetivos. Fazer essa distinção coloca o foco em "pessoas" e "lugares", e não em "movimento". Essa visão percebe cidades, vizinhanças, regiões e sistemas de mobilidade como instrumentos para promover resultados socialmente desejados – tais como a qualidade do *habitat* em determinado local [para qual atividade] e [qual a sua] acessibilidade – com o transporte assumindo um papel de suporte. Operacionalmente, isso pode tomar a forma de comunidades compactas, de uso múltiplo, que reduzem dramaticamente as distâncias das viagens e melhoram a infraestrutura para pedestres e ciclistas. Cidades compactas são menos dependentes do carro particular e minimizam as distâncias viajadas, dessa forma conservando energia, terra e recursos ambientais. (UN-Habitat, 2013, p. 198)

A interdependência entre uso do solo e mobilidade fica explícita. Assim, uma cidade baseada no automóvel e que se espalha territorialmente pode significar isolamento, ou dependência de motoristas, para uma população que envelhece rapidamente, assim como para crianças, jovens e pessoas com necessidades especiais (Zielinski, 2013).

No entanto, há, em todo o mundo, uma parcela crescente de viagens que fogem à regra, no sentido de que não decorrem de uma demanda derivada. Segundo Naim,

> [a]s viagens de curta duração quadruplicaram: em 1980, o número de chegadas de turistas internacionais equivalia a 3,5% da população mundial, em comparação com quase 14% em 2010. Calcula-se que todo ano cerca de 320 milhões de pessoas voam para comparecer a reuniões profissionais, convenções e encontros internacionais – e esse número não para de crescer.[8] (Naim, 2013, p. 97)

O turismo tornou-se o consumismo em viagens, ou o viagismo. Antigamente denominada "indústria sem chaminés", hoje se reconhecem seus significativos impactos ambientais: além das relevantes – embora ainda muito mal quantificadas – emissões de gases de efeito estufa (GEE) pelos aviões,

---

[8] Boa parte das trocas de informação que ocorrem durante esses eventos poderia se realizar mediante videoconferências, com imensa economia para os participantes e enormes ganhos para o meio ambiente, ainda que com perdas para as indústrias hoteleira e de aviação civil.

que ocorrem em volume crescente, há inúmeros aspectos da "mobilidade turística" que requerem grandes cuidados para que não se torne altamente poluidora. Esses aspectos incluem desde a ocupação de manguezais para a construção de *resorts* até a disposição dos dejetos que os turistas deixam nos lugares que visitam, sem que se esqueçam também as questões ligadas à prostituição infantil e juvenil.

Essa breve consideração acerca da mobilidade turística, que não é derivada senão dos apelos da publicidade – e também da curiosidade humana – não deve fazer esquecer que, no cotidiano urbano, a grande demanda por mobilidade é, sim, derivada de necessidades e atividades do dia a dia.

Zielinski (2013) comenta ainda que desafios complexos de transporte demandam soluções sofisticadas; abordagens unifocais – por exemplo, concentrar a atenção no uso de combustíveis alternativos, ou cobrar pelo uso de determinadas vias, ou apenas realizar mudanças em certas políticas – não dão conta dos sérios problemas urbanos. O autor ilustra:

> Por exemplo, em um dia típico em Los Angeles, pode-se dirigir por longas distâncias em altas velocidades para comparecer a três reuniões. Em Bremen, Alemanha, um local com maior acessibilidade, pode-se fazer cinco reuniões e ter um almoço reconfortante, cobrindo apenas metade da distância à metade da velocidade e pela metade do preço. (Zielinski, 2013, p. 36)

Pode-se afirmar que toda e qualquer nova edificação altera os fluxos de transporte e impacta a cidade, seus habitantes e o meio ambiente. Toda nova escola, empresa, edifício comercial ou residencial, parque, jardim ou qualquer outra edificação gera fluxos de pessoas e coisas, mais ou menos intensos, mais ou menos longos, mais ou menos poluentes.[9] Nesse sentido, o comércio de vizinhança tende a gerar menos viagens motorizadas – e, portanto, menor quantidade de todos os poluentes que acompanham esses deslocamentos – do que os grandes centros comerciais, quase sempre distantes das residências e aos quais se vai de carro ou ônibus ou outro meio motorizado, raramente a pé ou de bicicleta.

Em diversas cidades do mundo, a gestão do sistema de mobilidade é integrada à do uso do solo; Vancouver é apenas um entre vários exemplos. No Brasil, afora a possível exceção de Curitiba durante a prefeitura de Jaime Lerner, ainda não se logrou esse necessário arranjo institucional.[10] Para que sejam

---

[9] Esse dinamismo do sistema altera as necessidades e exige que se monitorem com dados sempre recentes as transformações nos deslocamentos, assim como a eficiência da prestação de serviços. Em muitos locais, isso é feito automaticamente, por meio do envio de dados em tempo real sobre o entra e sai de passageiros em cada veículo, a localização deste – por meio de GPS com comunicação remota – e de outros sistemas. No Brasil, esses sistemas de coleta e transmissão remota de dados ainda são raros. Um dos instrumentos utilizados para identificar os deslocamentos é a pesquisa de Origem e Destino, conhecida como pesquisa OD. Nas principais cidades brasileiras, tais pesquisas, que são complexas e caras, raramente são feitas; a exceção é São Paulo, que as faz a cada dez anos desde 1967 (Pereira e Schwanen, 2013).

[10] A Lei da Mobilidade Urbana reconhece essa necessidade, mas não define instrumentos para operacionalizá-la; na prática, o mais comum é a infraestrutura e o serviço de transporte "correrem atrás" da ocupação do solo, em grande parte feita por assentamentos clandestinos ou adensados além da capacidade dos corredores e meios de transporte disponíveis.

construídos ambientes convidativos e acessíveis, com os menores impactos ambientais possíveis, é necessário considerar desde a condução das grandes questões nacionais – inclusive a política econômica, a rede de cidades – até a decisão sobre a microlocalização de um novo empreendimento na área urbana. Antes de analisar esses dois extremos, veja-se o que diz a TransLink, autoridade de trânsito de Vancouver, cidade cujo sistema de transporte público é tido como um dos melhores do mundo.

A TransLink (2012, p. 1) afirma a sua missão em cartilha explicativa: "prover um sistema regional de transporte que mova pessoas e coisas ao mesmo tempo que dê suporte à estratégia regional de crescimento, aos seus objetivos ambientais e ao desenvolvimento econômico da região"; e ainda detalha os princípios de gestão do sistema, que integra metrô, ônibus, trens e barcos:

> À medida que o uso do solo e os padrões de deslocamentos mudam, também se altera a demanda por mobilidade. Por exemplo, um serviço mais frequente pode ser necessário para dar apoio ao crescimento populacional e de empregos em áreas de rápido desenvolvimento; áreas de ocupação recente podem exigir a introdução de serviços completamente novos; ou uma nova linha de ônibus rápidos pode significar a necessidade de ajustes às linhas próximas. Em alguns casos, o nível de serviço deverá ser reduzido para melhor se adequar à demanda e assegurar o uso eficiente dos recursos limitados. A TransLink monitora regularmente a rede de transporte para ver como as

pessoas usam os vários serviços disponíveis [...] e faz ajustes para melhorar a eficiência e a utilidade da rede. (TransLink, 2012, p. 1)

Com relação aos impactos da gestão macroeconômica sobre a mobilidade urbana, ver Gaitán (2013). Segundo ele, a partir da Ásia, pode-se vislumbrar o futuro das cidades latino-americanas. Há pelo menos duas alternativas: 1) apostar em um modelo econômico de "crescer primeiro, limpar depois", usualmente ligado à alta taxa de motorização; ou 2) assegurar uma tendência sustentável desde o início, com desenvolvimento urbano que equilibra crescimento econômico, equidade social e proteção aos recursos naturais. Em seguida, para exemplificar, o autor cita Kuala Lumpur, capital da Malásia, com 7 milhões de habitantes, e outras cidades asiáticas:

Construída para os carros, refletindo o que se supõe ser um modelo bem-sucedido de progresso. Estradas cheias cortam a cidade, rodovias elevadas decoram a paisagem e a falta de passeios faz do carro a única alternativa. Em Bangcoc, apenas desde 2004 há um sistema de bondes [e] a cidade é tão congestionada que a maneira mais rápida de alcançar o centro é por meio de barcos, no canal público. Em Bangcoc, 60% das viagens são feitas por carro ou motocicleta, enquanto em Kuala Lumpur esse número alcança 80%. A consequência desastrosa é um coquetel bem conhecido de todos: mais carros, mais congestionamentos. Com mais congestionamentos, cidadãos mal informados clamam por mais vias. Dada a chance de ganhar mais votos – e ocasionalmente encher seus bolsos – políticos prometem mais estradas. O resultado final é sempre o mesmo: mais vias cheias de mais carros, mais poluição, mais problemas de saúde, menos espaços verdes e mais cimento. (Gaitán, 2013)

"Será coincidência", pergunta o autor, "o tanto que isso se assemelha à América Latina?". (Gaitán, 2013)

As alternativas, também do Leste Asiático, apontadas por Gaitán são Cingapura e Hong Kong, duas das cidades com as mais elevadas densidades demográficas no mundo. Desde 1972, com o seu "plano conceitual", Cingapura tem se importado em manter a motorização sob controle, com investimentos elevados em transporte público e controle do uso do solo. Foi pioneira na introdução do pedágio urbano, assim como de um sistema de leilão de licenças para aquisição de carro – licenças estas que, atualmente, podem custar até US\$ 50 mil – e de um imposto sobre veículos que chega a 100% do valor do carro. Em Hong Kong, túneis conectam o metrô às diversas ilhas, bondes sobem rampas íngremes, ônibus – com acesso *wi-fi* à internet – permitem chegar a qualquer canto da cidade, e todos os meios de transporte podem ser pagos com o cartão inteligente Octopus Card, utilizável também em lojas de conveniência, supermercados e outros.

Não obstante tudo isso, a poluição do ar em Hong Kong é elevada, por vezes bem superior ao padrão definido pela OMS. Essa poluição é, em parte, decorrente do tráfego

– a cidade tem a maior densidade de tráfego do mundo –, mas também das usinas de energia movidas a carvão – que emitem cerca de 50% do total de poluentes locais –, do grande tráfego marítimo de navios altamente poluentes e, ainda, das muitas indústrias, tanto em Hong Kong quanto além da fronteira, na vizinha foz do rio das Pérolas, na China (Boland, s/d.).

Não cabe aqui discutir em maiores detalhes a poluição do ar em Hong Kong. Vale citar, porém, pela similaridade que tem com fatos observáveis no Brasil e também por ser reforçado por inúmeras análises sobre iniciativas relativas ao trânsito, o seguinte trecho do Plano Ar Limpo, divulgado em março de 2013 pela autoridade nacional local:

> A piora dos congestionamentos está contribuindo para a baixa qualidade do ar ao longo das vias. Com a velocidade se reduzindo e o número de veículos aumentando, Hong Kong está em um círculo vicioso: mesmo com veículos mais limpos sendo usados, as emissões por quilômetro tendem a subir em razão da menor velocidade média, em especial no centro da cidade, com elevada população e, consequentemente, alto nível de exposição ao risco. Outro importante fator contribuinte é o crescimento do número de arranha-céus próximos entre si nos dois lados de vias relativamente estreitas e movimentadas em partes da cidade. Esses empreendimentos de alta densidade com frequência foram construídos sem consideração para com os corredores para ventilação, criando efeitos de "cânions urbanos", aprisionando as emissões veiculares. Isso afeta não apenas aqueles ao longo da via e dentro dos veículos naquela via, mas

também todos que vivem em edifícios nas ou próximos das vias congestionadas. (Hong Kong, 2013, p. 5)

Tem-se, na primeira parte do texto, um exemplo de limites à política de elevação da eficiência dos veículos por meio da redução do consumo unitário de combustível. A questão é que quando se aumenta a eficiência de um insumo, ele se torna relativamente mais barato, e, em decorrência disso, seu consumo aumenta.

Na segunda parte do texto citado, ao discutir a criação dos "cânions urbanos", o exemplo evidencia como o uso do solo afeta a mobilidade – e seus efeitos poluidores. Lembra, ainda, a importância da movimentação dos ventos. Continuando, afirma que

as condições das vias afetam as emissões veiculares. O congestionamento reduz a velocidade dos veículos, que assim geram mais poluentes. Os problemas de congestionamentos não podem ser sempre solucionados mediante a construção de mais vias, em especial numa cidade [territorialmente] pequena como Hong Kong, que já tem uma rede de vias bem desenvolvida. Para melhorar as condições das vias, necessitamos de políticas e instrumentos adequados, tais como dar prioridade ao transporte público, gerenciar a demanda por transporte e redirecionar o tráfego usando a tecnologia.[11] (Hong Kong, 2013, p. 5)

---

[11] Na cidade de São Paulo, a prioridade ao transporte público vem sendo efetivada mediante "faixas exclusivas", encontrando muita resistência em decorrência dos hábitos

Alguns dos instrumentos utilizados, que o referido plano propõe sejam incrementados, têm sido a criação de zonas de baixa emissão – onde só podem entrar veículos com padrão igual ou mais exigente que o Euro 4 –,[12] racionalização das rotas de ônibus, inspeção veicular, planejamento urbano integrador e uso do sistema de impostos para desestimular a opção pelo carro.

Comparando-se Los Angeles e Bremen, Kuala Lumpur e Hong Kong, Bangcoc e Cingapura, fica claro não apenas que existem opções, mas também que a estratégia de "crescer primeiro, limpar depois" acabou por dar à população local condições de vida bem piores do que a alternativa adotada pelas cidades-estados citadas.

No Brasil, o processo de expansão das cidades é amplamente caracterizado como caótico, pois assim parece. Há, porém, uma lógica, e é necessário desvendá-la para buscar meios de alterá-la.

A aprovação de um novo loteamento nas prefeituras é regida pela Lei nº 6.766, de 19 de dezembro de 1979. No entanto, a começar pela capital da República, tal norma é

---

vigentes até bem pouco tempo. Embora a administração municipal se mantenha firme na decisão, a medida inicial – que elevou significativamente a velocidade operacional dos ônibus – não tem sido acompanhada de providências complementares.

[12] A União Europeia adotou, há anos, política de redução progressiva dos limites máximos permitidos de emissão de poluentes pelos veículos, que inspirou o programa brasileiro Proconve, a ser comentado no capítulo "A mobilidade no Brasil". A noção Euro 4 refere-se à quarta fase do programa, hoje já na sua sétima etapa.

amplamente desrespeitada. Glebas são divididas e loteadas conforme o interesse do proprietário de maximizar a renda auferida com o loteamento. Faz parte do processo de maximização a reserva, pelo proprietário, de lotes para venda futura, após o aumento da densidade habitacional observada no local. Essa prática cria "vazios urbanos", por vezes bem providos de infraestrutura e sem habitantes, encarecendo a vida em toda a cidade. O aumento da densidade nos "novos" loteamentos possibilita o surgimento de atividades comerciais e permite, também, que se pressione a prefeitura para viabilizar novas extensões de linhas de ônibus, instalar uma escola e outros equipamentos urbanos, gerando a esperada valorização da região e elevando o patrimônio do loteador. Apenas raramente a adequação do "novo" uso da terra às condições topográficas, ambientais e geológicas do local é levada em consideração, assim como sua articulação com o restante da malha urbana. Impactos ambientais são, com frequência, desconsiderados.[13]

Ocorrem também em todo o país, inclusive em Brasília, assentamentos ilegais por parte tanto de ricos como de pobres, muitas vezes promovidos por autoridades em busca da "gratidão" dos ocupantes, assim como de seus votos e do dinheiro dos loteadores ou grileiros; nesses casos, é ainda

---

[13] A título de comparação, em grande parte da Inglaterra, a construção de uma obra deve ser precedida por ampla comunicação aos vizinhos, cuja manifestação favorável é indispensável para que o empreendimento seja erguido. Assentamentos ilegais são praticamente desconhecidos.

mais clara a ausência de qualquer organização do uso do solo que contemple a cidade, o ambiente, o transporte e as demais "funções" cuja articulação é necessária para a construção de uma mobilidade sustentável. Veja-se, por exemplo, reportagem da *Folha de S.Paulo* segundo a qual a ocupação de uma área de 1 milhão de metros quadrados no município de São Paulo, iniciada em novembro de 2013 por cerca de 2 mil famílias, já contava com 8 mil em janeiro de 2014 (Otoni, 2014). Trata-se de área vizinha ao parque M'Boi Mirim, que, segundo o prefeito, seria destinada a ampliá-lo.

No Brasil, há propostas de que sejam exigidos "estudos de impacto urbano", os quais apontariam as consequências de cada "novo" uso e possibilitariam "adequar" o projeto de modo a minimizar seus aspectos negativos. Ainda que tais estudos (que serão comentados no capítulo "Tendências da tecnologia e da organização da mobilidade") possam ser de grande utilidade e devam ser encetados, a experiência brasileira mostra que também podem se transformar em mais uma exigência burocrática de escassos resultados na direção desejada. Por outro lado, na Lei de Mobilidade Urbana, aprovada em 2012 (e que será comentada no capítulo "Perspectivas brasileiras: planos e leis"), nada há que assegure a efetiva transformação do processo de ocupação do solo tal como caracterizado acima. Além disso, são frequentes as alterações da legislação de uso do solo, aprovadas pelos legislativos e executivos municipais, motivadas pelo interesse financeiro de autoridades e proprietários de glebas ou lotes, visando ao aumento patrimonial de ambos mediante a intensificação do uso do solo. Em todo o Brasil, parece que a (fraca) gestão do solo urbano, aí incluídas muitas obras públicas, parece orientada à valorização do capital imobiliário, em detrimento da qualidade de vida dos moradores e com degradação do meio ambiente. Nesse processo, não costumam merecer consideração as questões ambientais e de mobilidade.

CIDADES EM REDE

Outra dimensão deve ser levada em conta: trata-se da "rede de cidades", ou seja, o número de cidades em determinado território, a distância, complementaridade, a concorrência e os fluxos de pessoas e coisas entre elas, assim como os respectivos papéis no conjunto da economia regional ou nacional.

A importância de considerar a "rede de cidades" pode ser ilustrada por muitos exemplos. Bastam dois, porém, para revelar diversas das suas implicações. Primeiro, um dos problemas da movimentação de cargas no Brasil é a elevada concentração de atividades industriais no Estado de São Paulo e na sua região metropolitana. Como consequência, tem-se que muitos caminhões saem dessa região carregados e, após entregarem a carga, não encontram o chamado "frete de retorno" e viajam de volta vazios. Os efeitos dessa situação sobre os custos de frete e, portanto, sobre os preços das mercadorias são claros e dispensam comentários adicionais; da mesma forma, a situação aumenta a emissão de poluentes.

O segundo exemplo reside na elevada concentração populacional e de atividades econômicas nas grandes cidades. Nesse sentido, Da Mata *et al.* (2006) examinam a afirmação de que o Brasil possuiria um sistema ou uma rede urbana espacialmente concentrada, com poucas cidades grandes a dominarem cada vez mais a hierarquia; os autores mostram que, no período de 1970 a 2000, houve aumento da concentração espacial tanto no país como um todo quanto em cada uma das suas diversas macrorregiões. De acordo com o censo demográfico de 2010, 50% da população brasileira vivia, então, em regiões metropolitanas.

MOBILIDADE DAS GENTES E DAS COISAS

MOBILIDADE DAS GENTES

Como visto anteriormente, a mobilidade urbana se faz, em primeiro lugar, pela disposição no espaço das diversas funções urbanas, como moradia, trabalho e lazer; depois, pelos diversos modos usados para chegar aos locais onde essas funções são exercidas. Há profunda interação entre uns e outros, como se verá a seguir.

Caminhar e andar de bicicleta

No Brasil, é elevada a participação dos deslocamentos a pé e por bicicleta no total da movimentação da população, mesmo nas grandes cidades. O fato de que esses deslocamentos não motorizados são, proporcionalmente às movimentações da população local, mais elevados nas regiões mais pobres do país faz que sejam vistos como sinal de pobreza. De fato o são, mas são bem mais do que isso: são também soluções de baixo custo, adequadas, portanto, para países com amplas carências.

Do total de 61,3 bilhões de viagens feitas a cada ano pelo conjunto dos brasileiros em 2011 (ANTP, 2012a), 22,6 bilhões (37%) foram feitas a pé e 2,1 bilhões (3,4%) de bicicleta. Nas cidades com mais de 1 milhão de habitantes, 33% das viagens foram feitas a pé e 1% de bicicleta; naquelas com população entre 60 mil e 100 mil, 42% das viagens foram a pé e 13% de bicicleta.[1] Em termos de distâncias percorridas, a figura é outra: do total de 422 bilhões de quilômetros percorridos anualmente, 241 bilhões (57%) o foram em transporte coletivo – dos quais apenas 29 bilhões (6,9%) sobre trilhos; 149 bilhões em transporte individual – dos quais 133 bilhões em carros; 10 bilhões de bicicleta; e 23 bilhões a pé. Evidentemente, a distância percorrida será tanto maior quanto maior for a cidade. É no Nordeste onde há maior proporção de viagens realizadas a pé.

---

[1] A ANTP considera "viagem" como percurso de ponta a ponta, classificado de acordo com o modo de transporte mais importante em termos de capacidade; os "deslocamentos" incluem os trechos percorridos a pé entre modos ou veículos diferentes.

O animal humano, como os outros animais, tem "energia metabolizada" que lhe faculta viver e agir; como se diz vulgarmente, ele precisa queimar energia. A caminhada e o andar de bicicleta são maneiras eficientes, saudáveis e sustentáveis de usar energia para se deslocar. Nesse sentido, parecem "coisa de rico". Aliás, a ampliação do uso dessa energia na matriz de transporte é propósito de grande parte dos planejadores urbanos, já incorporado por instituições como a União Europeia, o governo da China, inúmeros estados dos Estados Unidos e outros, não incluído o Brasil.

Uma das questões mais frequentes na literatura recente sobre a mobilidade nas cidades é exatamente como torná-la mais eficiente, sustentável e saudável. Se o critério for produção e uso de energia renovável, sustentável e saudável, a caminhada e o andar de bicicleta são infinitas vezes mais competitivos do que o petróleo. Se o critério for produção de energia por quilograma, sem levar em consideração seus dejetos, o petróleo será o campeão, de longe. Nada, neste planeta, tem tão elevada "densidade de energia" por quilograma quanto o petróleo. O problema é que essa energia é não renovável e altamente poluidora. A espécie *Homo* viciou-se nela e ficou inebriada pelo uso de tão poderoso energético e pela crença na possibilidade de produção sempre crescente de mais e mais produtos, mesmo ciente de que o petróleo a envenena e não a levará a bom destino. Mas persiste em seu uso.

Também Ícaro, o mítico personagem, sabia que não deveria voar muito alto, pois, como lhe ensinara seu sábio pai, Dédalo, o calor do sol derreteria a cera que dava liga às asas que permitiriam a ambos fugir da ilha e do labirinto em que estavam presos. Inebriado pela sensação de voar, Ícaro lhe desobedeceu, a cera derreteu e ele morreu afogado no mar. Dédalo realizou a travessia e se salvou.

Os cientistas, quase todos, têm avisado que nós humanos nos encontramos acima do ponto em que a "cera" derrete; estamos usando mais do que a Terra pode dar. Incentivar maneiras de viver bem usando bicicletas e andando a pé é estratégia de desenvolvimento das mais sustentáveis, saudáveis e baratas. Claro, não iremos abandonar as cidades, tão dependentes do petróleo e da movimentação. Podemos, porém, transformá-las progressivamente e construir novas que sejam mais eficientes, saudáveis, sustentáveis e baratas.

Caminhar, pode-se dizer, é como andar de bicicleta devagar, pois os benefícios físicos, individual e coletivamente, e a velocidade do movimento são semelhantes. Até mesmo a eficiência energética, embora superior na bicicleta, é similar. Assim, movimentar-se sobre duas rodas é como caminhar, só que com maior eficiência: afinal, a invenção da roda foi algo sensacional!

Entre os benefícios associados ao uso da bicicleta, conforme ampla literatura — todos eles aplicáveis também à caminhada —, estão: é dos mais sustentáveis e eficientes meios de transporte para distâncias curtas e médias; a única energia necessária é provida pelo próprio ciclista, que se beneficia com a atividade de pedalar. Os níveis de saúde física e mental melhoram com a adoção da bicicleta como meio regular de transporte; algumas doenças, como obesidade e distúrbios respiratórios, estão correlacionadas ao uso intenso de automóvel, e seu tratamento pode ser ajudado pela atividade regular do ciclismo; há, ainda, correlação entre o pedalar frequente e a redução dos níveis de estresse e depressão. A bicicleta consome menos recursos naturais do que os modos motorizados, não emite gases poluentes, reduz substancialmente o nível de poluição sonora e ajuda a diminuir os congestionamentos e a expansão territorial urbana. Além disso, exige muito menos espaço do que o carro e é econômica tanto em termos de custos para o usuário quanto de infraestrutura pública. Assim, concluem Andrade e Kagaya:

> Tornar a bicicleta um meio de transporte efetivo promoveria inclusão social, em particular nas nações em desenvolvimento. Esses benefícios colocam a bicicleta como um agente potencial para se alcançar sociedades mais inclusivas e sustentáveis. (Andrade e Kagaya, 2011, p. 2)

Todas as observações são válidas, repita-se, para o caminhar.

É tão conhecido o amplo uso das bicicletas na Holanda, que muitos pensam que as ciclovias sempre existiram por lá, como é dito no documentário *Como surgiram as ciclovias holandesas?*[2] Assistir a ele é altamente recomendado.

Dizem os holandeses que Deus fez o mundo e eles, a Holanda, o que em si já é razão para lembrar que as ciclovias foram construídas. Quando? Principalmente após a década de 1960, com rápida expansão no decênio posterior.

Em 1961, na Holanda, morreram atropeladas 3.300 pessoas, sendo 400 menores de 14 anos de idade. Considerando os cerca de 12 milhões de habitantes à época, isso significou 27 mortes por 100 mil habitantes. Em 2008, essa relação caiu para 4,4 por 100 mil.

No Brasil, também em 2008 – apesar das deficiências na qualidade da estatística, o que deixa grande margem de erro –, a média de mortes no trânsito estava em 17,8 pessoas por 100 mil habitantes, com grande variação por estado: a mortandade era maior em Rondônia (31,3), Roraima (32,9) e ainda mais assustadora em Goiás (199,3), segundo dados do Departamento Nacional de Trânsito (Denatran) (Motta, Silva e Jacques, 2013). Os especialistas preferem analisar a questão com base no Índice de Mortes por Bilhão de Quilômetros Percorridos pela Frota de Veículos (IMBQ), que reflete mais claramente o uso dos veículos. No Brasil, Bastos *et al.* estimaram o IMBQ e chegaram à seguinte conclusão:

---

[2] Disponível em: http://vadebike.org/2011/11/como-surgiram-as-ciclovias-holandesas/. Acesso em: 7 abr. 2014.

MEIO AMBIENTE & MOBILIDADE URBANA

Em 2009 (último ano em que estavam disponíveis as informações), o Brasil apresentou um índice de 52,84 mortes por bilhão de quilômetros, o que reflete uma situação extremamente grave considerando ser este valor entre sete e doze vezes maior que nos países desenvolvidos. (Bastos *et al.*, 2012, p. 34)

Os mesmos autores apresentam o IMBQ de 2010 de alguns países: Suécia, 4,4; Reino Unido, 4,6; Holanda, 5,6; Estados Unidos, 7,1.

No Brasil, essa mortandade tem gerado protestos populares ocasionais porém insuficientes para levar os governantes a adotarem respostas adequadas; tem levado, também, à proliferação de quebra-molas (sobre os quais se comenta no capítulo "A mobilidade no Brasil"). Na Holanda, àquela época, a população mobilizou-se e obteve do governo respostas apropriadas. Com a implantação das ciclovias – e de leis mais duras contra atropelamentos e infrações de trânsito, de campanhas educativas, de limitações à velocidade dos automóveis, de alterações na engenharia das vias, etc. –, o número de crianças mortas no trânsito em 2010 caiu para 14. Além disso, também, mas não só, em apoio à segurança dos ciclistas, as cidades ganharam parques e áreas ajardinadas, as ruas centrais de grande número dessas cidades foram fechadas aos automóveis, e espaços de convivência foram criados. Consideram, os holandeses, que a sua qualidade de vida melhorou.

Em parte, o impulso decorreu também da crise do petróleo de 1973, que levou a Holanda a desenvolver um conjunto de políticas com vista à redução do uso de combustíveis fósseis, apesar de já conhecer e começar a explorar, então, as vastas reservas de gás natural no seu subsolo. Infelizmente, o mesmo não parece ocorrer com as perspectivas de exploração do pré-sal brasileiro.

À época, o então primeiro-ministro holandês, em comunicado à população, alertou sobre a necessidade de mudança de hábitos, sobre as dificuldades inerentes a essa mudança e sobre o fato de que elas não implicavam deterioração da qualidade de vida. Como se pode constatar, o resultado foi exatamente o contrário, isto é, a qualidade de vida melhorou. Atualmente, na Holanda, 27% de todas as viagens e 25% dos deslocamentos ao trabalho são realizados por bicicleta ("Top Ten Countries...", 2011).

Outro país em que grande parte dos deslocamentos é efetuada por bicicleta é o Japão, sétimo no mundo em termos de quantidade deste veículo por habitante. Lá, no entanto, onde aproximadamente 15% dos deslocamentos para o trabalho são feitos por bicicletas ("Top Ten Countries...", 2011), as ciclovias são raras, e poucos são os acidentes e atropelamentos. Imperam a educação no trânsito e o respeito ao próximo.

Claro, isso tem a ver com a história, as instituições, a educação e a cultura japonesas. Não obstante, é importante recordar que, por maiores que sejam as contribuições das bicicletas à sustentabilidade e por maior que seja a necessidade de substituir os meios motorizados pelos não motorizados, implantar ciclovias demanda recursos públicos. No Brasil, talvez esses recursos pudessem ser mais bem aplicados na melhoria da educação e da saúde e na construção de uma cultura de respeito ao cidadão, ciclista ou não. Em relação ao nosso país, com tantas carências nessas outras áreas, assim como em segurança e habitação e outras mais, é necessário considerar o exemplo japonês, que poderia liberar bilhões de reais para aplicação exatamente nessas demais áreas, e não na mobilidade, muito menos em vias para automóveis. A lembrança de que há outras carências que talvez sejam vistas por parcelas da população como ainda mais prioritárias do que a mobilidade é importante; porém, não nos deve permitir esquecer que um equilíbrio, uma certa proporcionalidade, ainda que de difícil definição, é essencial: de nada adianta investir em mobilidade se não houver investimento em educação, saúde, segurança, etc., e vice-versa.

A atitude de descrença que a afirmação anterior costuma gerar – "Ah, mas os japoneses são os japoneses!" – desconhece que nem os japoneses são melhores do que os brasileiros e que nem estes são melhores do que aqueles; desconhece, também, a experiência de Brasília, onde o respeito às faixas de pedestres foi implantado com muito sucesso no período de apenas um mandato do governador Cristovam Buarque. Os méritos devidos a ele devem ser reconhecidos, assim como deve ser reconhecida a pouca importância dada,

A paradoxal relação entre educação e mobilidade

A referência aos japoneses abre espaço para se tratar da importantíssima relação entre educação e mobilidade, aí incluído o transporte escolar. O tratamento desse tema permite evidenciar as múltiplas conexões da mobilidade com o uso do solo, com a educação, com a renda das famílias e, ainda, com a política.

Pode-se evidenciar o paradoxo ao dizer que são verdadeiras duas afirmações opostas. Primeira: mais educação melhora a qualidade da mobilidade. Segunda: mais educação piora a qualidade da mobilidade. Como podem ser ambas simultaneamente verdadeiras?

É certo que motoristas educados, que respeitam as placas de trânsito e as faixas de rolamento, que acionam as setas indicativas quando querem mudar de direção, que não trafegam pelo acostamento nem ultrapassam pela direita, que não param em fila dupla, que cedem passagem e tratam outros motoristas com polidez, que não acionam a buzina exceto em emergências, que respeitam os pedestres e os ciclistas, etc. contribuem sobremaneira para um trânsito mais fluido e mais "civilizado", menos estressante. A carência desse tipo

MEIO AMBIENTE & MOBILIDADE URBANA

de comportamento, verificável em motoristas profissionais e amadores tanto no Brasil como em outros países, agrava os problemas de poluição e acidentes. Nesse sentido, é claro que mais educação melhora a mobilidade.[3]

Por outro lado, quando se percorrem as ruas de cidades japonesas e mesmo de Tóquio, é comum ver crianças de 5 a 10 anos de idade, com suas características e nacionalmente padronizadas mochilas, a *caminhar sozinhas* para a escola ou de volta para casa, sob a supervisão de voluntários postados ao longo dos trajetos, que intervêm se necessário. Sem dúvida, esse esquema apenas é possibilitado por, entre outros fatores, uma ocupação e uso do solo que possibilita a existência de escolas de qualidade acessíveis por meio de caminhada nas diversas vizinhanças. Tem-se, como consequência tanto da educação quanto do uso do solo, que cada criança necessita apenas de duas viagens, a pé, para ter acesso à educação.

No Brasil, dificilmente um responsável permite que uma criança daquela idade faça, sozinha, o trajeto até a escola, exceto, talvez, nas menores cidades; usualmente, ela será acompanhada por alguém mais velho e se deslocará, conforme o local, as posses da família e a distância da escola, a pé, de bicicleta, de ônibus, de barco, de trem, de metrô ou de automóvel, ou em uma combinação destes. Cada criança,

---

[3] Esse fato não significa que seja desejável a recorrente proposta de se introduzir a disciplina "educação no trânsito" no currículo escolar, pois ela significa apresentar uma solução simples para um problema complexo; vale dizer, é equivocada.

portanto, para ter acesso à educação, acarretará seis viagens sempre que o acompanhante retornar à residência e voltar para buscar a criança ao término da aula.

Se a criança ou o estudante usa o transporte público, tende a fazê-lo ao menos em parte durante o horário de pico, agravando a superlotação dos meios coletivos ou os congestionamentos diários. No caso das crianças que se deslocam fazendo uso do automóvel da família, a questão se agrava porque o desenvolvimento urbano brasileiro permite que escolas, que são importantes polos geradores de tráfego, sejam instaladas sem qualquer consideração e muito menos ajuste na malha viária que lhes dá acesso. Assim, pais e mães mal educados e sem alternativas se dão o direito de parar em fila dupla e interromper uma ou mais faixas de rolamento enquanto deixam ou buscam seus filhos na escola – ao mesmo tempo que reclamam dos congestionamentos do trânsito! Como a expansão do acesso à escola amplia o número de escolares, o paradoxo fica explicado; quando vier a ser possível, no Brasil, um deslocamento das crianças tal como ocorre no Japão, terá havido sensível melhora na mobilidade dos brasileiros e na sua qualidade de vida.

Há, ainda, outros aspectos dessa relação entre educação e mobilidade a se considerar. De acordo com a Companhia de Engenharia de Tráfego de São Paulo (CET) (*apud* Guimarães, 2013), as escolas ajudam a piorar o trânsito e, durante as férias escolares de julho de 2012, os congestionamentos em São

Paulo caíram em 20% em comparação com os meses letivos. O mesmo Guimarães apresenta outros dados relevantes:

> Os dados do Censo da Educação Básica 2012 revelam que apenas 8,7 milhões de alunos brasileiros têm acesso ao transporte escolar gratuito para se locomover até o colégio. A maioria dos que usam esse tipo de transporte vão de ônibus ou de micro-ônibus. [...] o número representa 13% dos estudantes matriculados na educação básica, incluindo a educação especial ou de jovens e adultos no ano de 2012. Outro dado chama a atenção: 545.968 estudantes usam barcos [...] para frequentar a escola [principalmente] no Pará e no Amazonas. Mas um problema que atinge a todos é a segurança. [...] essa é a maior preocupação do casal de irmãos Fábio, 15, e Isabela [...]: "Procuramos não nos aproximar da rua Augusta. Vários amigos meus já foram assaltados lá", conta o aluno do 1º ano do ensino médio. Em 2006, a cidade de Guarulhos, na Grande São Paulo, decidiu construir um *campus* da Universidade Federal de São Paulo (Unifesp) no bairro dos Pimentas, localizado na periferia do município. A invasão foi evidente: 70% dos alunos da instituição não moram na cidade, segundo um estudo da Pró-reitoria de Assuntos Estudantis. Dados indicam também o aumento da demanda por transporte por causa do ensino superior. A cidade de São Paulo conta hoje com 631.126 alunos matriculados em cursos de graduação. São 141 instituições de ensino superior, sendo 133 privadas. A quantidade de estudantes na região próxima à estação São Joaquim do metrô cresceu tanto nos últimos anos que, em 2012, a estação, localizada na avenida Liberdade, no centro da cidade, teve de instalar mais catracas para dar conta do volume de alunos que passam por ali nos horários de pico. Ainda assim, a medida parece paliativa. No interior de São Paulo, a pequena cidade de São José da

Bela Vista resolveu apostar em uma nova forma de transporte escolar. Há cerca de dois anos, todos os 700 alunos da rede municipal do ensino fundamental começaram a ir para a escola de bicicleta. "Ninguém imaginava que os alunos iam aderir assim às bicicletas. Espero que aos poucos isso se espalhe por toda a cidade. O uso do transporte tem colaborado para um ambiente mais saudável e incentivado a atividade física", diz […] a diretora da Escola Municipal […]. Um projeto de ciclovia para a população está sendo traçado e deve sair do papel até o fim deste ano. "Por enquanto, as crianças andam no meio dos carros mesmo, mas é uma cidade pequena, sem perigo algum", garante a diretora. (Guimarães, 2013)

Outro fato ajuda a entender a relação entre educação e mobilidade e ainda evidencia importante vínculo entre as soluções – ou falta de – para a mobilidade e o sistema político:

O Distrito Federal possui 580 mil estudantes matriculados na rede oficial de ensino. Destes, 37 mil são transportados diariamente por meio de 590 linhas de ônibus contratadas a cinco ou seis empresas locadoras de ônibus. Elas dividem uma verba anual de 60 milhões de reais repassados pelo GDF. Enquanto isso, cerca de 100 ônibus zero quilômetro, novinhos em folha, estão estacionados no pátio da TCB esperando a burocracia governamental para começarem a transportar a garotada com mais conforto e segurança. Os ônibus foram adquiridos recentemente com apoio do programa Caminho da Escola do Governo Federal. Criado em 2007, só agora o Distrito Federal decidiu se valer dos benefícios desse programa datado do governo Lula. De 2008 a 2010, o Governo Federal apoiou a compra de mais de 12 mil ônibus escolares para as unidades da federação. Goiás

> ficou com 60 veículos. Brasília: nenhum. "Marcaram bobeira", justifica um gestor da secretaria da Educação – referindo-se a seus antecessores –, ao tentar explicar por que Brasília demorou tanto tempo para usufruir de um programa que existe há, pelo menos, seis anos. (Sant'Anna, 2013)

Admitindo-se os valores apresentados, é fácil concluir que, considerando duzentos dias letivos, o governo do Distrito Federal estaria pagando R$ 4,05 pelo transporte de cada aluno, por sentido, valor superior à passagem em ônibus "normal". Outro ponto a considerar é que, embora o funcionário não identificado tenha "explicado" a inação do governo do Distrito Federal como "marcação de bobeira", também não se pode descartar a hipótese de que, como a unidade da federação era governada, até 2010, por partido político de oposição ao Governo Federal, questões político-partidárias tenham impedido o acesso aos ônibus escolares. Afinal, situações análogas acontecem em programas ligados às mais diversas finalidades.

Metrôs, mobilidade e escassez de recursos

A questão da escassez de recursos é, sem dúvida, fundamental num país com tantas carências como o Brasil. Estimativas sobre o custo da implantação de ciclovias são variadas; depende da topografia, do espaço disponível nas vias públicas, da própria qualidade da ciclovia e de diversas outras variáveis. É fato, porém, que o quilômetro de vias para bicicletas será sempre muito mais barato do que o quilômetro para automóveis e mais ainda do que o quilômetro para metrôs. A comparação, porém, é capciosa, já que o metrô será capaz de transportar muito mais gente, a distâncias bem superiores e em tempo mais curto.

A propósito, é importante registrar duas observações. Em primeiro lugar, a bicicleta jamais será o meio de transporte dominante em cidades tão espraiadas quanto as grandes metrópoles, brasileiras ou não, isto é, em locais onde as distâncias a serem percorridas no cotidiano podem superar o raio de ação da bicicleta, cuja velocidade média é por vezes estimada em 15 quilômetros por hora. Ela pode, porém, ter o seu papel largamente ampliado. A eventual generalização do uso de bicicletas motorizadas – preferivelmente elétricas, alimentadas por fontes renováveis – pode ampliar o seu raio de ação e, portanto, as distâncias em que são úteis. Também pode ajudar a que sejam adotadas em cidades com topografia acidentada, como Belo Horizonte. Daí a importância de dar prioridade à produção desse tipo de veículo, cujo uso tende a se ampliar significativamente em todo o mundo. Não obstante, mesmo motorizadas, elas não teriam capacidade de deslocar dezenas de milhares de pessoas por hora entre pontos que distam entre si 30, 40 quilômetros, ou mais.

A segunda observação se refere ao metrô em países em desenvolvimento, como o Brasil. Embora a expansão dos sistemas de metrô nesses países seja amplamente defendida – em parte, certamente, pela consideração do conforto que é circular em cidades quase sempre do primeiro mundo nas quais se dispõe de ampla rede desse modal –, a questão deve ser vista com cuidado. Novamente, São Paulo pode servir de exemplo. Lá, ocorreu substancial crescimento da extensão das linhas de metrô nos últimos quinze anos, aproximadamente. Não obstante, cresceu também a extensão dos congestionamentos nas vias utilizadas por ônibus, automóveis, motocicletas, bicicletas e pedestres, e, a cada ano, recordes são quebrados. Claro, (como hipótese de desvendar o problema) a localização das linhas de metrô pode ter sido mal planejada, e diversos outros erros podem ter sido cometidos, mas não é o caso, aqui, de discutir esses pontos. Neste trabalho, a visão necessária é mais ampla, nacional, e diz respeito ao fato de que investimentos em meios de transporte subterrâneos competem por escassos recursos públicos que têm diversas aplicações alternativas e, talvez, na avaliação de muitos, prioritárias.

É muito variável o custo de implantação de um metrô, principalmente se subterrâneo. Características geológicas, valor e volume de desapropriações inevitáveis, tecnologia escolhida e muitos outros fatores afetam o orçamento. Informações disponíveis sobre sistemas recém-construídos, em construção ou em ampliação em diversos locais evidenciam o enorme montante de recursos necessário para implantá-los. No *blog Pedestrian Observations*, podem-se encontrar estimativas de custo de diversos sistemas mundo afora, cujos preços estão convertidos ao dólar norte-americano com base no critério de paridade de poder de compra. Infelizmente, o artigo citado não está assinado, o que significa que nem se pode dar crédito ao autor nem acreditar plenamente nos dados apresentados. Ainda assim, têm-se os seguintes números: Cingapura: US$ 600 milhões por quilômetro; Hong Kong: US$ 586 milhões por quilômetro; Budapeste: US$ 358 milhões por quilômetro; Cairo: US$ 310 milhões por quilômetro; Estocolmo: US$ 259 milhões por quilômetro; São Paulo (Linha 6): US$ 250 milhões por quilômetro; São Paulo (Linha 4): US$ 223 milhões por quilômetro; Bangalore, onde grande parte do metrô é de superfície: US$ 164 milhões por quilômetro; Cidade do México (com 50% em superfície): US$ 90 milhões por quilômetro ("Comparative...", 2013).

No Brasil, estima-se que o custo por quilômetro varie de R$ 300 milhões a R$ 800 milhões por quilômetro.[4] Tomando-se o valor aproximado da estimativa anterior para São Paulo, convertida para reais, teríamos um custo por quilômetro da ordem de R$ 500 milhões. Assim, a construção de

---

[4] É importante registrar que essa enorme variação de custo torna o investimento em metrôs interessante para aqueles governantes que têm como propósito auferir vantagens pessoais, dada a dificuldade de se saber se há, ou não, superfaturamento na obra.

500 quilômetros de metrô[5] no conjunto das grandes capitais brasileiras – extensão muito inferior ao necessário para que sejam reproduzidas, aqui, condições semelhantes às de locais como Londres, Tóquio, Paris ou Buenos Aires – consumiria recursos da ordem de R$ 250 bilhões. Com a necessidade de tal volume de recursos, é ilusório crer que se poderá ter, nas cidades brasileiras, redes de transporte subterrâneo com a extensão necessária para que a população possa se movimentar com conforto e rapidez. Além disso, realizar tais investimentos nas grandes capitais, necessariamente em detrimento de investimentos noutras localidades, agravaria ainda mais o problema da concentração da rede de cidades brasileiras, dificultando um desenvolvimento regional mais equilibrado. Além disso, pretender que a mobilidade das massas se dê no subsolo é, em essência, tentar preservar o espaço da superfície para os automóveis. Há, pois, que se buscarem alternativas, como se verifica inclusive em publicação recente do Senado Federal, cujo título de capa é ilustrativo: *Mobilidade urbana: hora de mudar os rumos.*

Uma das alternativas promissoras é, apesar da oposição dos viciados em automóvel, a administração da demanda por mobilidade, tema ao qual se voltará mais adiante.

---

[5] Lembre-se de que apenas Xangai possui cerca de 400 quilômetros de metrô e continua congestionada.

Do metrô ao avião e helicópteros

Um salto do metrô ao avião. Esse "veículo" não faz parte da cena da mobilidade urbana, embora deslocamentos para aeroportos ou oriundos deles sejam parte importante do problema da mobilidade; não é raro que o atendimento a essa demanda específica assuma, entre os governantes, prioridade mais elevada do que as demandas cotidianas da maioria da população nos trajetos casa-trabalho-casa e casa-escola-casa. Já o "primo" do avião, que pode ficar parado no ar e decolar/pousar em pequenos espaços, o helicóptero, tem papel de destaque em algumas metrópoles. Embora não em termos quantitativos (número de passageiros transportados) nem da quantidade total de poluentes emitidos pela frota, o helicóptero é extremamente importante por outros aspectos: por um lado, a grande quantidade de emissões por passageiro por quilômetro transportado e, por outro, a simbologia de "sucesso", "riqueza" e "importância", que gera "inveja" e emulações na direção equivocada, ou seja, da opção pelo transporte individual altamente poluente, e não pelo coletivo de baixo impacto ambiental.

São Paulo tornou-se, em 2013, a cidade do planeta com a maior frota de helicópteros, com um número estimado entre 900 e 2.200 pousos e decolagens por dia.

Os helicópteros são importantes também porque refletem uma tendência que existe no imaginário de muitos e cuja transformação em realidade é improvável, pois agride a lógica e ultrapassa as possibilidades do planeta: a ideia de que, "no futuro", "todos", para escaparem dos congestionamentos causados pelos "automóveis terrestres", andarão de helicóptero ou carros voadores, como retratado em páginas e páginas de histórias futuristas que fazem parte da memória e do ideário de muitos.

Nessa "imagem do futuro", a inevitável transposição para o ar dos congestionamentos que hoje ocorrem em terra – caso tal idealização pudesse se transformar em realidade – parece desaparecer como mágica, revelando seu caráter ideológico, ilusório e enganador. Não obstante, é imagem que ainda alimenta sonhos e esperanças e, por vezes, parece orientar também políticas. O "futuro" é usado como promessa de um porvir melhor, de um progresso tido como sinônimo de melhorias, tantas vezes prometidas quantas não alcançadas, e o "todos" ignora a distribuição desigual de ônus e benefícios vigente na sociedade atual, explicitando ainda mais o caráter ideológico dessa visão, segundo a qual, como São Paulo possui a maior frota de helicópteros do planeta, poder-se-ia pensar que o Brasil já teria entrado na mais avançada "modernidade". Será?

Estimar o volume de poluentes emitido por helicópteros é extremamente complexo, pois tal descarga é influenciada por fatores como o número e a potência dos motores, a capacidade de empuxo das lâminas dos rotores, a distância vertical percorrida, as condições do tempo, etc. Em setembro de 2006, o ministro do Meio Ambiente da Holanda, questionado no Parlamento sobre o impacto ambiental de uma linha proposta de voos comerciais entre Amsterdã e Bruxelas, teve de recorrer a uma empresa de consultoria para tentar obter uma resposta. A conclusão foi de que

> as emissões dos helicópteros excedem as de outros modos de transporte; comparadas com a mesma jornada por carro a diesel, as emissões são maiores por um fator de três a cinco; há menos diferença se comparadas com uma viagem por avião, mas ainda mais se comparadas com o trem; as taxas de ocupação são um fator significante, em particular quando se trata de veículos pequenos, como carros e helicópteros. (Den Boer, 2006)

A poluição sonora emitida pelos helicópteros é mais conhecida e também das mais incômodas. Veja-se, a respeito, a seguinte notícia:

> O secretário estadual do Ambiente do Rio de Janeiro, Carlos Minc, firmou hoje (24) Termo de Ajustamento de Conduta (TAC) com o Instituto Chico Mendes (ICMBio) e a empresa de táxi-aéreo Helisul que permite alterações em rotas de voos panorâmicos turísticos pela zona sul carioca. A medida visa a reduzir o impacto sonoro produzido pelos helicópteros que circundam, durante o voo, os principais pontos turísticos da região, como o Cristo Redentor e o Pão de Açúcar. Com o acordo, três rotas serão extintas e seis, alteradas. Quesitos como altitude, horário e raio de distância entre o helicóptero e

o ponto turístico também sofrerão alterações. A partir de agora a altitude para o sobrevoo, que antes era 500 pés (151 metros), passa a ser mil pés (302 metros). O sobrevoo, que era feito em horário livre, terá que ser realizado das 9h até o pôr do sol. O raio de visualização do entorno do Cristo Redentor foi ampliado para 600 metros, o que anteriormente era 100 metros. A rota que circunda o Pão de Açúcar foi extinta. De acordo com Minc, a expectativa da secretaria é que essas medidas possam diminuir em 60% o impacto sonoro causado pelos helicópteros. "Nós queremos preservar o turismo, o emprego, mas também preservar os tímpanos das pessoas, a saúde auditiva da população." (Agência Brasil, 2012)

Embora fonte importante de poluição sonora, esses veículos individuais não estão sós. A propósito, ainda que *pareçam* inferiores aos das metrópoles brasileiras, os níveis de ruído das grandes cidades europeias excedem, em muito, o de Tóquio. A imprecisão expressa na frase anterior se deve a que os inventários de poluição sonora no Brasil são muito frágeis. Assim:

O som dos carros, caminhões, ônibus, caçambas, helicópteros, aviões e construções faz parte do cotidiano do cidadão paulistano. Porém, poucos sabem que o ruído gerado pela soma destes componentes – elevadíssimo em metrópoles como São Paulo – pode causar graves problemas de saúde, levar à morte e até a crimes. Segundo a Organização Mundial da Saúde (OMS), o ruído é a terceira maior causa de poluição ambiental, perdendo apenas para poluição da água e do ar. Em função disso, 10% da população mundial têm alguma deficiência auditiva.

Na Europa, a Organização Mundial da Saúde já detectou o barulho do trânsito como o segundo maior causador de doenças, perdendo para a poluição. (Andrea Matarazzo, 2013)

Ainda com relação ao barulho, a mesma fonte analisa a situação legal da questão, também em São Paulo:

[N]a rua Aspicuelta, [em] São Paulo, [...] o limite definido em lei é de 45 decibéis para o período noturno – o equivalente ao som do burburinho das conversas no cinema antes do filme começar. Naturalmente, por ser uma rua com grande concentração de bares, movimentadíssima à noite, o ruído da rua ultrapassa este limiar. Medições feitas ali já apontaram 83 decibéis – similar ao barulho de um aspirador de pó. Ou seja, a situação na prática não corresponde ao previsto em lei. E quando o Psiu (Programa de Silêncio Urbano) vai ao local, normalmente não pode multar nenhum estabelecimento, já que o barulho de fora é igual ao de dentro. (Andrea Matarazzo, 2013)

Ainda sobre o tema, comenta o político:

Como forma de combate ao excesso de barulho em grandes cidades como São Paulo, a Pro-Acústica sugere uma série de ações em busca da diminuição do nível de ruído, tais como: redução do número de veículos pesados em áreas residenciais; intervenção no tipo de pavimento das ruas; redução dos limites de velocidade; proteção das "ilhas de silêncio"; incentivo à Ecomobilidade – ciclismo, pedestres, transporte público, carros elétricos; instalação de barreiras sonoras; monitoramento frequente; mapeamentos. Na Europa, as empresas já oferecem

modelos de pneus que geram menos barulho no atrito com o
asfalto. (Andrea Matarazzo, 2013)

Bicicletas compartilhadas

Em muitos locais, a bicicleta ainda não é considerada um dos instrumentos da mobilidade urbana. Seus defensores são, por vezes, vistos como sonhadores. Não obstante, a realidade tem mudado, e rapidamente, com o acúmulo de evidências sobre suas vantagens e também com o surgimento dos esquemas de compartilhamento de bicicletas.

A opção – testada (sem sucesso) inicialmente em Amsterdã, como parte da resposta à crise do petróleo da década de 1970 – espalhou-se a partir da experiência bem-sucedida do *vélib*, em Paris. A iniciativa holandesa se deu antes da revolução das tecnologias de informação e comunicação e não contava com as estações de concentração como ocorre na capital francesa. Nesta, o compartilhamento de bicicletas, iniciado em 2007, já contava com 1.587 estações em 2011, sendo 279 em cidades vizinhas (Mairie de Paris, 2011). Sistemas semelhantes estavam em uso em 2011 em cerca de quinhentas cidades do planeta. Hoje, em Paris, o *vélib* possui 245 mil assinantes e foi responsável, em 2012, por 35 milhões de viagens (Mairie de Paris, 2011).

A empresa operadora do sistema deveria ter colocado em circulação, em 2012, o total de 23.801 bicicletas. No entanto, a Câmara Regional de Contas, analisando o contrato entre a empresa e a prefeitura de Paris, estimou em apenas 18.326 a quantidade efetivamente disponível e questionou a administração municipal por não ter punido o concessionário pelo descumprimento do contrato. Não cabe aqui detalhar as questões levantadas, nem as respostas, mas vale registrar que o relatório menciona serem estrangeiros 15% dos usuários, dos quais os brasileiros em visita à Cidade Luz são o quarto maior grupo.

Há vários outros pontos importantes com relação ao esquema de compartilhamento de bicicletas. Primeiro, a sua forma básica de organização e a incorporação de alta tecnologia; segundo, a sua expansão mundo afora; terceiro, o seu impacto sobre a mobilidade e a qualidade de vida na cidade; quarto, a utilização do "modelo de negócios" do compartilhamento de bicicletas para dar início ao compartilhamento de automóveis. Também neste último caso, Paris é exemplo.

Hoje, a capital francesa detém a maior frota do mundo de automóveis elétricos para uso compartilhado. Assim como é feito com as bicicletas, o interessado libera, mediante um código – por vezes fornecido pela internet, ou associado a um cartão inteligente –, o veículo de duas ou quatro rodas, faz o trajeto desejado e o deixa em outra estação de concentração, à disposição de um futuro usuário. Viagens com duração

MEIO AMBIENTE & MOBILIDADE URBANA

inferior a 30 minutos tendem a não ser cobradas, e, para as mais longas, o débito ocorre no cartão de crédito informado quando da adesão ao sistema.

Outro exemplo vem de Berlim, onde, já em 2008, cerca de 1,5 milhão de viagens eram feitas por bicicleta, a cada dia, o que correspondia a cerca de 13% do total de deslocamentos (Senate Department..., 2011). As autoridades locais trabalham para que, em 2025, a participação alcance entre 18% e 20%, sem contar as viagens que combinam bicicleta e transporte público. Mais importante do que citar mais dados sobre a mobilidade na capital alemã é registrar a abrangência dos aspectos levados em consideração no desenho da sua política em vista daquele objetivo, conforme expresso na *New Cycling Strategy for Berlin* (*Nova estratégia de bicicletas para Berlim*), documento oficial que explicita as medidas adotadas e atualizou, em 2011, o plano anterior, de 2004.

Antes de apresentar essas medidas, convém lembrar as principais razões, segundo o plano, para ampliar a participação das bicicletas no sistema de mobilidade: a bicicleta cria mobilidade, e cidadãos de (quase) qualquer idade podem usá-la para fazer viagens curtas e médias (e mesmo mais longas, quando em combinação com o transporte público); melhora a qualidade de vida na cidade, é silenciosa e não cria poluição nem toma muito espaço; pode substituir parte do tráfego motorizado, é divertida e saudável; contribui para a segurança do tráfego (quanto mais visíveis as bicicletas, mais os usuários das vias se ajustam a elas); pesa pouco no orçamento público e no privado; dá apoio ao desenvolvimento econômico de Berlim, pois uma cidade com boa qualidade de vida e um desenho atraente de vias públicas atrai turistas e negócios.

Considerados esses aspectos positivos do uso das bicicletas, um plano foi desenhado por um comitê composto por ciclistas, pela indústria, pela polícia, por acadêmicos, por ambientalistas e outros, com a contribuição de especialistas, informados por ampla disponibilidade de dados. As medidas para a expansão do uso das bicicletas em Berlim incluem:

- garantir e expandir as qualidades já existentes (melhorar as ciclovias e mantê-las livres de obstáculos, evitar interrupções em razão de obras, etc.);
- ampliar a capacidade das ciclovias para que atendam a mais ciclistas;
- tornar viagens longas em bicicleta mais atrativas (elevar sua velocidade, criar "ondas verdes" nos semáforos que lhes são específicos, desenvolver ciclovias nos bairros, tornar toda a cidade "amigável" para bicicletas; cuidados especiais com os cruzamentos, etc.);
- tomar cuidados especiais com a segurança no desenho das ciclovias;
- incutir a segurança das vias como um tema importante na mente das pessoas (campanhas de publicidade, prêmios, etc.);

MEIO AMBIENTE & MOBILIDADE URBANA

- garantir a continuidade das ações;
- ampliar os espaços para estacionamento de bicicletas próximos a estações de transporte coletivo público;
- adaptar o arcabouço regulatório;
- assegurar a cooperação de varejistas e residentes;
- assegurar a possibilidade de transportar as bicicletas no transporte público;
- efetuar sinalização especial e ampla;
- realizar ações de relações públicas dirigidas a grupos especiais (focando motivos racionais e emocionais para criar um clima amigável às bicicletas e reduzir a reserva de alguns com relação a elas; focar problemas que restringem o uso das bicicletas, como o transporte de crianças e de mercadorias, e apresentar as soluções técnicas para isso, etc.);
- levar em consideração as mudanças demográficas;
- utilizar as inovações tecnológicas;
- implantar "projetos-modelo" para teste e demonstração.

O ponto-importante a registrar, em resumo, é que a promoção do uso de bicicletas se trata de um projeto complexo, cujo sucesso depende da consideração de diversas variáveis e que não pode ser reduzido – como ocorreu recentemente em Brasília – à implantação de alguns quilômetros de faixas de pavimento denominadas "ciclovias". A propósito, veja-se extrato de notícia publicada na *Folha de S.Paulo*:

Com apelo sustentável e baixo custo, as ciclovias viraram coqueluche pelo país. Porém, muitas delas apresentam falhas na execução que podem colocar em risco a segurança dos ciclistas e também de motoristas. O resultado são vias com sinalização precária, árvores ou placas no meio da pista e cruzamentos perigosos. Em Belo Horizonte (MG), por exemplo, três quilômetros de ciclovia terão de ser desmanchados porque a via foi construída entre a pista para veículos e as vagas de estacionamento. [...] Mesmo em Curitiba (PR), capital que desde a década de 1970 investe na implantação de vias exclusivas para bicicletas, há problemas de execução. Os usuários reclamam, por exemplo, de uma ciclofaixa, inaugurada em 2011, que tem apenas 75 centímetros de largura. "Tudo é feito de afogadilho. Pintam uma faixa de vermelho na avenida, chamam de ciclovia e ninguém usa, porque é malfeito", diz o consultor em ciclomobilidade Alexandre Nascimento. "A maioria dos projetos é uma coisa voluntariosa, que as administrações estão fazendo rápido para se associarem à sustentabilidade", diz Rafael Medeiros, mestre em gestão urbana pela PUC-PR. (Carazzai, 2013)

A evidência do desperdício do dinheiro público arrecadado também pode ser observada na manchete de outra notícia, publicada no mesmo jornal e dia: "Faixa de ciclistas dará lugar a vagas para carros no Rio Grande do Sul". A lei municipal de Lajeado, já sancionada, diz o jornal, teve como justificativa a "falta de uso" das ciclofaixas; seu autor afirma que elas "foram mal planejadas, são pouco usadas e prejudicam comerciantes com a falta de vagas para estacionar" (Bächtold, 2013).

Esses exemplos negativos servem para alertar que, além de planejamento cuidadoso e integração com o transporte público, para que o Brasil possa avançar na direção de um transporte público mais sustentável as eventuais ciclovias deverão prever, entre outras características, inclusive ampla arborização que as sombreie, como forma de evitar o desconforto decorrente da inclemência do sol tropical. Não se trata de "luxo": é para tornar as cidades mais habitáveis.

Outra alteração necessária é de ordem institucional, para evitar a implantação "voluntariosa" de projetos inadequados.

Por fim, pela evidência adicional com relação à questão da integração entre a política de uso do solo e a de mobilidade, registre-se a afirmação, também constante do documento referente à política berlinense, de que

> uma cidade amigável para bicicletas é uma cidade de trajetos pequenos – desde onde as pessoas vivem até onde estão as amenidades locais e a infraestrutura social, até locais onde trabalham e se divertem, e até as conexões com o sistema público de transporte. (Senate Department..., 2011, p. 5)

A ênfase, aqui, deve ser em perceber que não se trata apenas da conexão casa-trabalho, mas também da conexão entre as diversas atividades existentes no meio ambiente urbano e com o sistema de transporte. Importante destacar também que as observações sobre a cidade amigável para a bicicleta valem igualmente para os deslocamentos a pé. Por aí se constata a importância de uma visão holística e de uma abordagem sistêmica do problema.

Outro caminho que se deve trilhar é do uso de bicicletas com apoio motor, preferivelmente elétricas. Esse meio de transporte já teve dias bem melhores antes da Segunda Guerra Mundial, na Europa ou na Ásia. Após a década de 1950, porém, ele foi gradualmente abandonado, substituído pelos automóveis. Até então, havia diversas bicicletas motorizadas, algumas das quais deveriam ser pedaladas para carregar ou dar partida ao motor e apresentavam consumo da ordem de 1 litro por 100 quilômetros (Parker, 1999). Claramente, não se trata de reviver tal tecnologia sem antes analisar seu impacto ambiental. A eletrificação desse meio pode ser caminho para a criação de uma atividade econômica de alto dinamismo e grande potencial de criação de empregos.[6]

Enquanto algumas das ciclovias brasileiras, como visto, têm se transformado em meio de desperdiçar o dinheiro arrecadado do público, noutros países, os incentivos à transformação da matriz de transporte nessa direção têm sido amplos. A China, além de ter se preparado e investido para se tornar um dos líderes na produção de automóveis elétricos, também vem buscando a liderança na produção de bicicletas elétricas;

---

[6] Podem-se encontrar no YouTube inúmeros exemplos de tecnologias com elevado potencial.

MEIO AMBIENTE & MOBILIDADE URBANA

em 2012, o país já havia produzido 15 milhões desses veículos. Isso, apesar do crescente – e equivocado, segundo muitos – uso do carro.

No caso brasileiro, uma política para as bicicletas deveria considerar não apenas incentivos para o desenvolvimento de tecnologias de propulsão, mas também outros aspectos, como as chuvas, as elevadas temperaturas e o sol escaldante na maior parte do país, além das questões de segurança, violência e furtos de veículos.[7] A difusão das bicicletas por aqui parece depender em parte de soluções para essas características climáticas e patológicas; a ideia de ciclovias plenamente arborizadas, por distanciada que pareça da realidade urbana atual, talvez possa apressar as mudanças necessárias, se não por outras razões, pelo fato de que uma cidade assim equipada tenderia, muito provavelmente, a se tornar mais próspera, como identificado pelos planejadores berlinenses, entre outros.

No entanto, a questão do uso mais intenso de bicicletas, inclusive elétricas, não depende essencialmente de avanços tecnológicos. As primeiras patentes de sistemas de propulsão elétrica datam da década de 1890 (McLoughlin *et al.*, 2012)! No Brasil, além dos problemas relativos ao clima, já

---

[7] "Por outro lado, andar de bicicleta torna-se um desafio durante clima adverso. Embora os ciclistas andem sob diferentes condições climáticas, dados sugerem que climas extremos e chuva ocasionam uma queda significativa quando muito frio (menos do que 5 °C) ou muito quente (mais do que 28 °C) ou muito úmido (mais do que 60% de umidade)". (Capital Bikeshare, *apud* Kumar, Teo e Odoni, 2012, p. 3)

citados, há o fato de os impostos sobre as bicicletas serem equivalentes a 40,5% do preço final do produto, enquanto a média dos impostos sobre os automóveis é de 32% (Batista e Paula, 2013). Também não se pode descartar a questão da segurança pública com relação ao risco de furto e roubo ao ciclista, além, claro, da segurança em termos da fragilidade desse veículo frente aos demais, fragilidade agravada pelas falhas de planejamento urbano e pela ostensiva falta de educação para a cidadania.

Um exemplo aparentemente positivo vem de São Paulo: em 2013, a cidade testava o uso do bilhete de integração do transporte coletivo como instrumento de liberação de bicicletas compartilháveis (Leite, 2013). De acordo com a reportagem do jornal *O Estado de S. Paulo*, havia 155 mil usuários cadastrados, que dentro de doze meses poderiam alugar cerca de 3 mil bicicletas, disponíveis em 132 estações.

Duas questões se fazem importantes. Em primeiro lugar, nada indica que os esforços para ampliar a sustentabilidade do sistema local de deslocamentos mediante o aumento da participação das bicicletas na matriz de transporte têm a abrangência de ações verificada em Berlim ou em Paris; assim, as chances de sucesso são menores. Em segundo lugar, vale ressaltar a desproporção entre São Paulo e Paris: esta tinha, em 2008, cerca de 240 mil assinantes, mais de 1.500 estações e cerca de 20 mil bicicletas e formava um sistema com grande visibilidade e repercussão internacional; já São Paulo, com

MEIO AMBIENTE & MOBILIDADE URBANA

anunciados 155 mil cadastrados, possuía, em 2013, apenas 132 estações, e a previsão era alcançar 3 mil bicicletas dentro de doze meses!

Há, ainda, outras características importantes a considerar com relação ao uso das bicicletas. Primeiro, elas são adequadas a trajetos curtos, como já mencionado. No entanto, um sistema de compartilhamento associado à rede de transporte público pode favorecer seu uso em combinação com a rede, sendo a bicicleta usada para percorrer, como se diz no jargão, a primeira ou a última milha.

Outro ponto é que o uso da bicicleta não substitui necessariamente o do automóvel. Segundo apurado pela prefeitura de Paris, em outubro de 2011, a maioria (79%) dos usuários do sistema *vélib* usava as bicicletas em substituição ao metrô, uma proporção também expressiva (29%) em substituição ao ônibus, mas apenas 9% haviam largado os automóveis (Mairie de Paris, 2011).[8]

Além da questão do uso misto do solo de forma a gerar viagens curtas, são pontos-chave para a expansão do uso de bicicletas a segurança e o conforto. Este último aspecto favorece os esquemas de compartilhamento graças à facilidade de pegar e largar o veículo próximo ao destino.

---

[8] A soma das proporções ultrapassa 100% porque os entrevistados podiam assinalar mais de uma alternativa.

Ainda sobre o compartilhamento, Kumar, Teo e Odoni (2012) argumentam que cidades como Paris, Montreal e Washington, cujos sistemas se expandiram, ainda têm menos de 2% do total de viagens efetuadas por bicicleta; por outro lado, cidades da Holanda, da Dinamarca, da Alemanha e do Japão, algumas das quais não contam com o compartilhamento, têm participação bem superior da bicicleta no total de viagens – variando de 13%, em Berlim, a 25%, no Japão. Concluindo o seu argumento, os autores defendem que, para ampliar o uso da bicicleta, os investimentos públicos deveriam se concentrar na expansão da infraestrutura adequada, mais do que em sistemas de compartilhamento propriamente. São fatores interligados, como em geral acontece na infraestrutura urbana.

A opção berlinense, porém, parece a mais abrangente e a que promete melhores resultados, ainda que qualquer solução tenha, necessariamente, que considerar as características locais e apresentar respostas a elas.

Por fim, uma observação de tendências recentes ilustra o tipo de ajuste pelo qual têm passado diversas cidades. Kumar, Teo e Odoni (2012) mostram dados sobre a evolução, nas últimas duas ou três décadas, da participação do modo ciclismo no total de deslocamentos. Vê-se que, em cidades como Amsterdã, Copenhague, Tóquio e a média das cidades alemãs, essa participação se elevou, chegando a quase 40% nas duas primeiras. Ao contrário, Pequim, Hangzhou, Guangzhou e

Nova Déli, todas reduziram a participação das bicicletas, sendo especialmente dramático o caso da capital chinesa, onde se passou de 60% dos deslocamentos efetuados em bicicletas, em 1980, para menos de 20%, em 2000. Nada estranha, pois, que, em Pequim central, a velocidade média dos veículos automotores tenha caído de 45 quilômetros por hora, em 1994, para apenas 12 quilômetros por hora, em 2003; entre os mesmos anos, a velocidade média dos ônibus também foi afetada: baixou de 17 para 9 quilômetros por hora (Kumar, Teo e Odoni, 2012). A opção chinesa pela implantação e pelo desenvolvimento da indústria automobilística, tudo indica, será para o país asiático motivo de arrependimento futuro, em razão da perda de qualidade de vida em suas cidades.

Motocicletas

A frota brasileira desses veículos cresceu 583% desde 1998, alcançando o total de 20,8 milhões de unidades (Senado Federal, 2013). O tamanho reduzido da motocicleta permite maior rapidez no trânsito urbano em relação ao automóvel, ao transporte coletivo ou à bicicleta; amplos financiamentos de longo prazo com prestações a valores baixos; custo de operação e de manutenção relativamente baixo; flexibilidade de destinos; e autonomia de deslocamento são algumas das razões para tão rápido crescimento. A possibilidade de trafegar por entre os carros, cuja proibição foi aprovada pelo Congresso Nacional mas vetada pelo Poder Executivo, contribui para uma viagem rápida. Também cresceram aceleradamente os serviços de moto-táxi, atualmente presente em 55% dos municípios e, especialmente, em 74% das cidades com população entre 20 mil e 100 mil habitantes, e de entrega urbana por moto. Simultaneamente, houve aumento das internações hospitalares em decorrência de acidentes com motos: apenas entre 2008 e 2011, elas passaram de 39.480 para 77.113, de acordo com dados do Ministério da Saúde (Spigliatti, 2012).

De acordo com Vasconcelos,

> a motocicleta usada no Brasil em 2003 consumia 4,6 mais energia por passageiro que o ônibus, emitia 32 vezes mais poluentes por passageiro que o ônibus (e 17 vezes mais que o carro), tinha um custo total por passageiro 3,9 vezes maior que o ônibus e ocupava uma área de via por passageiro 4,2 vezes maior que o ônibus. Assim, do ponto de vista social e ambiental, a motocicleta é um veículo muito inferior ao ônibus. Ela supera o automóvel nos itens avaliados, menos na emissão de poluentes, que é mais alta. No entanto, a maior desvantagem do ponto de vista social é a ocorrência de acidentes [...], [as] fatalidades no trânsito com usuários de motocicleta aumentaram de 725 em 1996 para 6.970 em 2006, ou seja, foram multiplicadas por quase dez vezes.[9] [...] a participação das motocicletas no total de fatalidades de trânsito no Brasil passou de

---

[9] Dados mais recentes do Denatran e do Ministério da Saúde mostram o agravamento do problema: em 2006, as mortes somaram 7.126 e, em 2011, já haviam alcançado 11.268. (Miotto, 2013)

MEIO AMBIENTE & MOBILIDADE URBANA

2% em 1996 para 20% em 2006 e o índice de mortes [...] du-
plicou no período 1998-2006, uma característica marcante do
aumento da violência no uso do espaço viário. (Vasconcelos,
2008, pp. 132-133)

A indagação sugerida por Vasconcelos ainda carece de
resposta: se as indústrias do cigarro e das bebidas alcoólicas
foram obrigadas a alertar seus consumidores acerca dos riscos
do uso de seus produtos, por que a indústria de motocicletas
pode se calar sobre os riscos associados ao que ela produz?

Além dos acidentes, as motos emitem poluição sonora
e também gases. Com relação à poluição sonora, a norma em
vigor (Resolução Conama nº 2, de 11 de fevereiro) é de 1993!

Com relação aos gases, o *1º Inventário Nacional de
Emissões Atmosféricas por Veículos Automotores Rodoviários*
(Ministério do Meio Ambiente, 2011) estima que, em 2009,
as motos eram responsáveis por 35% do total emitido de monóxido de carbono por todos os tipos de veículos no Brasil.
Essa participação já refletia a entrada em vigor, após o pico de
emissões por motos, em 2003, das várias fases do programa de
controle da poluição por motos, o Programa de Controle da
Poluição do Ar por Motociclos e Veículos Similares (Promot)
(comentado no capítulo "A mobilidade no Brasil"), e refletia
também a redução do total desse gás emitido por esse tipo
de veículo quando novo. Com relação aos demais poluentes inventariados, a participação das motos era expressiva

em hidrocarbonetos não metano (NMHC) (26%) e metano (CH$_4$), com 32%.

A alta importância das motos na emissão dos poluentes CO, NMHC e CH$_4$ deve-se à tardia entrada em vigor do Promot, pois até então não havia qualquer controle sobre o desempenho desses veículos. Esse fato mostra, ademais, o equívoco do governo brasileiro ao dar maior prioridade à expansão da produção desses – e de outros – veículos do que à preservação da saúde da população.

Embora a quantidade de mortes, mutilações e ferimentos graves associados ao uso de motos tenha crescido tanto, legalmente isso não é considerado uma forma de poluição.

As motos – de uso pessoal, como táxi ou para entregas – são uma solução individual para problemas de mobilidade.[10] A elevada incidência de acidentes com esses veículos individuais resulta em gastos públicos expressivos no sistema de saúde. Ou seja, os indivíduos que buscam tal solução para seu problema de mobilidade dão origem a gastos suportados pelo conjunto da sociedade: um exemplo que poderia figurar em livro de introdução à economia para explicar o conceito de custos externos, ou externalidades negativas, que será mais explorado no capítulo "Tendências da tecnologia e da organização da mobilidade"; essa noção se refere aos "males"

---

[10] Nesse sentido, também as bicicletas são opções individuais de transporte. Sua baixa velocidade máxima e sustentabilidade, porém, alteram completamente o quadro.

ocasionados a terceiros por quem produz ou usa certo produto ou serviço e se responsabiliza apenas por parte dos custos totais.[11] No caso das motos, os gastos do serviço público de saúde são parte do custo de utilizá-las, mas os fabricantes e comerciantes, dadas as leis existentes no país, não são responsáveis por eles. Nem os usuários, embora desses se possa dizer que "pagam" com os ferimentos decorrentes dos acidentes.

Outro ponto a destacar, ainda com relação à expansão da frota brasileira de motos, é que o crescimento do sistema de mototáxi ocorreu ao arrepio da lei até que, em 29 de julho de 2009, foi publicada a Lei nº 12.009, "que regulamenta o exercício das atividades dos profissionais em transporte de passageiro, 'mototaxista', em entrega de mercadorias e em serviço comunitário de rua, 'motoboy', [...]". Até então, inúmeros municípios haviam "legalizado" o serviço, embora a competência para legislar sobre trânsito fosse exclusiva da União. Mesmo com a publicação da norma citada, no entanto, o desrespeito continua. Exemplo é o inciso III do seu artigo 2º, que estabelece o requisito para o exercício da profissão, de ter sido aprovado em curso regulamentado pelo Conselho Nacional de Trânsito (Contran), exigência mais tarde postergada pelo mesmo Contran e cujo cumprimento tem sido, digamos, "flexibilizado" por parte das entidades responsáveis pela sua

---

[11] Existem também *externalidades* positivas, como, por exemplo, quando uma empresa investe em treinamento de seus funcionários e, assim, amplia a oferta local de trabalhadores qualificados.

fiscalização. Outras exigências legais também não cumpridas em largas áreas do país são as determinações de que as motos sejam equipadas com protetor de motor e com antena corta-pipas e passem por verificação semestral dos equipamentos de segurança.

AUTOMÓVEIS, CIGARROS E PORCOS

Quando surgiram, há cerca de um século, os automóveis foram saudados porque livrariam as cidades das toneladas de esterco que nelas se acumulavam, deixadas pelos cavalos usados até então para o transporte de pessoas e cargas. Essa "conclusão", quase absurda na perspectiva de hoje, deve ser um lembrete do fato de que, com frequência, muitas das consequências de longo prazo das novas tecnologias não são perceptíveis quando do seu surgimento. O cigarro é outro exemplo, e a comparação é válida para destacar a frase do conhecido urbanista Jaime Lerner, em seminário em São Paulo, em outubro de 2013: "o automóvel é o cigarro do futuro" (Maisonnave, 2013).

Não obstante essa afirmação, o fato é que as perspectivas da mobilidade – mantidas as tendências dominantes – não são animadoras. Como se viu, a frota mundial pode chegar a 2 ou 3 bilhões de unidades dentro de vinte anos (Lovins e Cohen, 2013). Haverá possibilidade de acomodar tal frota? Não, respondem Sperling e Gordon:

> Pode o planeta suportar dois bilhões de veículos? Não; pelo menos não como existem hoje. O um bilhão de veículos de hoje está bombeando quantidades extraordinárias de gases de efeito estufa na atmosfera, está drenando as reservas mundiais de petróleo, incitando escaramuças políticas e superlotando as ruas das cidades. Mesmo na mais conservadora visão, a motorização convencional, os veículos e os combustíveis ameaçam um cataclismo econômico e ambiental. (Sperling e Gordon, 2008, p. 3)

Os autores, embora reconheçam que os carros não desaparecerão, afirmam a impossibilidade de se continuar na mesma trilha que marcou o século XX. Entre outras perspectivas, acreditam que o consumo atual de petróleo, estimado em 85 milhões de barris por dia, cresça para 120 milhões em 2030. "Como o transporte responde por metade de todo o consumo de petróleo no mundo, e dois terços nos Estados Unidos, a questão do petróleo é, basicamente, uma questão de transporte" (Sperling e Gordon, 2008, p. 4).

A complexa questão envolve muitos aspectos. Por um lado, há o reconhecimento da força do desejo pelo veículo pessoal, o que é uma das razões de muitos políticos evitarem se manifestar contrariamente ao carro. Não obstante, há sinais de que as gerações mais jovens, principalmente aquelas que vivem em lugares nos quais é bom o serviço de transporte coletivo, já não dão ao carro próprio o mesmo valor de uma ou duas décadas atrás (Tuttle, 2013). Por outro lado, existe a força econômica e política dos fabricantes de veículos e associados, assim como suas contribuições a campanhas políticas, que oferecem motivos adicionais para que obtenham apoio de lideranças políticas e evitam que estas assumam, clara e publicamente, a evidente inviabilidade da continuidade do crescimento da frota.

Existe, ainda, a inércia mental e valorativa, com ideias e valores antigos que se projetam para além do tempo em que pareceram válidos. Nesse sentido, muitos ainda acreditam que os empregos e impostos gerados pela indústria automobilística compensam, com vantagens, as mortes, as doenças e a necessidade de crescentes investimentos para possibilitar "alguma" fluidez aos veículos. Há, por fim – como tem ocorrido nas últimas décadas –, a crença de que a evolução tecnológica nos salvará.

Por outro lado, os cientistas advertem que, para se evitarem as mudanças climáticas catastróficas, será necessário reduzir a emissão de gases de efeito estufa imediatamente e emitir entre 50% e 80% *menos* até 2050. Não resta dúvida de que não é possível manter a tendência de crescimento da frota de automóveis e de outros veículos individuais motorizados e, ao mesmo tempo, reduzir as emissões de GEE no volume necessário, nem mesmo supondo-se uma rapidíssima expansão da frota de veículos elétricos, pois os veículos movidos a combustível fóssil já produzidos e que serão fabricados nos próximos anos continuarão a rodar – ou a tentar rodar, num mundo cada vez mais congestionado e poluído!

Estudo recente para a Agência Francesa para a Gestão do Ambiente, da Energia e do Desenvolvimento Sustentável avalia o consumo energético e ambiental total – isto é, ao longo do ciclo de vida, desde a fabricação até o descarte – dos carros elétricos comparativamente aos movidos a gasolina ou a diesel; os resultados mostram que "o consumo de energia primária do veículo elétrico é inferior àquele de um veículo a gasolina no conjunto do seu ciclo de vida e ligeiramente superior àquele de um veículo diesel" (Warburg *et al.*, 2013, p. 9). Essa é uma das conclusões do estudo, que adverte, ainda, que são muitas as variáveis a considerar. Dependendo, por exemplo, da distância anual percorrida ou das características da bateria utilizada no veículo elétrico ou, de grande importância, da energia primária usada para gerar eletricidade, entre outras, as conclusões podem ser distintas. A análise, no entanto, é importante por mostrar que as vantagens do veículo elétrico podem não ser tantas quanto por vezes se apregoa; nesse sentido, reforça ainda mais a importância de priorizar o transporte coletivo, e não o individual. Mais uma vez, há, pois, que se buscarem outros caminhos.

Como visto, tem ocorrido uma redução do desejo pelo automóvel entre muitos jovens, e isso poderia ocorrer ainda mais rapidamente caso houvesse políticas voltadas para tal objetivo, como já ocorre com o cigarro. Resta, porém, a questão da necessidade de um meio de transporte que possa ser ágil, flexível quanto à destinação e mais seguro do que a moto. Tal demanda pode ser atendida mediante esquemas em que o veículo esteja disponível quando necessário, em contraposição à propriedade de um produto que ficará parado por 23 em cada 24 horas. Ou seja, é possível, por meio de esquemas de compartilhamento de carros, similares aos de bicicleta, oferecer *acesso* aos serviços desse meio de transporte. Tal alternativa, que Sperling e Gordon (2008), citados anteriormente, exploram pouco, parece das mais promissoras.

Em conclusão, os autores suavizam a afirmativa inicial dizendo que, sim, "o mundo pode acomodar dois bilhões de veículos, mas uma transformação das indústrias de automóveis e do petróleo – e eventualmente do sistema de transporte – será necessária" (Sperling e Gordon, 2008, p. 5). As transformações mencionadas são profundas e deverão ser rápidas e generalizáveis, como se vê a seguir.

Primeiro, argumentam que, apesar da decisão do Congresso dos Estados Unidos, em dezembro de 2007, de exigir uma melhoria da ordem de 40% na eficiência dos veículos até 2020, dificilmente o eventual sucesso dessa norma legal será suficiente para reduzir o consumo e as emissões nas proporções necessárias. Mencionam, ainda, que os 3 trilhões de milhas percorridas anualmente pelos carros no país deverão dobrar até 2050, tornando mesmo a mais otimista visão da evolução tecnológica insuficiente para reduzir congestionamentos e emissões. A chave para a mudança, dizem os autores, é oferecer mais escolhas aos usuários.

> O uso generalizado de tecnologias de informação sem fio no setor de transporte é imperativo. Estas são necessárias para facilitar inovações tais como *paratransit*,[12] compartilhamento de automóveis, compartilhamento dinâmico de viagens e o uso das telecomunicações para racionalizar e mesmo substituir viagens. As escolhas podem ser ampliadas por meio de melhor gestão do uso do solo, carros de vizinhança e transporte público. A disponibilidade dessas opções reduzirá o uso dos veículos e criará um sistema de transporte menos intensivo em carbono. As soluções tradicionais não serão suficientes. [...] A Califórnia está na vanguarda quanto a políticas de energia e climáticas. Uma incubadora de ambientalismo e de empreendedorismo, a Califórnia adotou o primeiro sistema mundial de regulamentação e monitoração da poluição do ar e os primeiros regulamentos para desenvolver gasolina mais limpa e veículos com emissão zero. [...] O desafio é conciliar as tensões entre os desejos privados e o interesse público. (Sperling e Gordon, 2008, p. 9)

Muitos outros estudos apontam na mesma direção: mudanças amplas, abrangentes, que envolverão novas formas organizacionais e tecnológicas e que dependerão também de imaginação e inventividade para encontrar novas políticas e

---

[12] Trata-se da palavra norte-americana – na Inglaterra, fala-se *community transport* – para designar algo próximo dos táxi-lotação, autorizados em algumas cidades brasileiras.

caminhos. Nesse sentido, vale lembrar que, quando iniciada em Amsterdã, na década de 1970, a proposta de compartilhar bicicletas – então malsucedida – foi vista como um sonho, senão como loucura; hoje, transformada, é solução já adotada por centenas de cidades, como visto.

Analisando os custos totais dos automóveis na Europa de 27 países, Becker, Becker e Gerlach (2012) começam pelo reconhecimento de que, ao nível do usuário individual, os benefícios do transporte sempre superam os custos, pois, caso contrário, a viagem não seria feita; transporte, no caso, deve ser entendido como incluindo o conjunto de veículos, a infra-estrutura, as regras e as organizações que possibilitam deslocar pessoas e coisas. Desde a perspectiva da sociedade, porém, surge um quadro completamente diferente. Para ilustrar, os autores usam um exemplo.

Caso uma empresa aérea utilize um aeroporto construído com fundos públicos e uma pessoa tome um voo só para se divertir, se tal indivíduo entender que essa diversão cobre seus custos particulares, o voo será feito. Para a sociedade, porém, os benefícios não são tão óbvios.

> Quais são os benefícios, para outros indivíduos, para outros países e para as futuras gerações, dessa viagem? Ao mesmo tempo, os custos para a sociedade podem ser mais elevados: incluem os custos pagos pelos contribuintes para construir o aeroporto; custos para os contribuintes porque o transporte

aéreo usualmente não paga impostos sobre combustíveis;[13] custos referentes ao barulho arcados por quem vive próximo ao aeroporto; custos de poluição em decorrência de doenças decorrentes das emissões dos aviões; e custos para as futuras gerações pelas emissões de gases de efeito estufa pelos aviões. Desde a perspectiva da sociedade, uma análise muito mais detalhada sobre "custos sociais totais" e "benefícios sociais totais" é necessária. (Becker, Becker e Gerlach, 2012, p. 5)

Continuando a sua análise, os autores concluem que os automóveis usados na Europa-27 lançam – ou externalizam – sobre outras pessoas, outros países e futuras gerações entre € 258 bilhões e € 373 bilhões em custos a cada ano. Isso leva a um uso de automóveis que é ineficiente da perspectiva da sociedade: "uma vez que 'outros' pagam larga parte dos custos do transporte, os europeus viajam de carro demais. Deve ser dito que o uso do carro na Europa é altamente subsidiado" (p. 40). Afirmam, ainda, que

essas conclusões sugerem que ação política é necessária. Quanto mais cedo ocorrer, mais o processo de transição pode ser desenhado de maneira suave, eficiente, socialmente aceitável e ambientalmente amigável. Quanto mais a ação for postergada, mais rígido, mais severo e mais caro será o processo. O estabelecimento de preços que considerem os custos externos, a adoção de medidas regulatórias e [...] medidas de

---

[13] No Brasil há, sim, impostos sobre o combustível de aeronaves; no entanto, não há incidência de ICMS sobre as passagens aéreas, imposto que é cobrado sobre passagens do transporte rodoviário entre municípios, estados ou países.

> planejamento do uso do solo merecem pelo menos tanta atenção quanto a tecnologia. A internalização dos custos do uso do carro, em paralelo ao oferecimento de alternativas ao seu uso, podem mudar substancialmente os comportamentos – e esta é a opção mais barata. Reduzir o número total de quilômetros viajados tem maior impacto sobre a emissão de gases de efeito estufa, sem risco de efeitos de intensificação do consumo. (Becker, Becker e Gerlach, 2012, p. 40)

Os autores afirmam, ainda, citando pesquisa da União Europeia sobre a redução da emissão de GEE no transporte, que "as tecnologias hoje conhecidas não serão suficientes para alcançar as metas de redução entre 60% e 80% em 2050". Em consequência, uma combinação de todas as abordagens possíveis é necessária: internalização dos custos externos, medidas de precificação, desenvolvimento tecnológico, regulação mais forte (por exemplo, banir os carros em certas regiões) e mudanças na distribuição modal são ações necessárias para enfrentar o problema.

Insista-se: é necessária uma combinação de todas as abordagens possíveis!

O alerta vale para o Brasil, onde ainda persiste, na política, a crença de que o biocombustível álcool "resolve" o problema, assim como tentativas de não reconhecer a gravidade do impacto das mudanças climáticas e de evitar qualquer tipo de redução dos incentivos existentes para o uso do automóvel. Nesse sentido, vale lembrar que, entre os maiores países do mundo, o Brasil foi o *único* que, quando da crise financeira de 2008, deixou de adotar qualquer medida de transformação da economia rumo a tecnologias menos poluentes e, ao contrário, ampliou os incentivos aos automóveis.

Repita-se: quanto mais tardar a adoção de políticas no sentido mencionado, mais rígidas, severas e caras elas serão.

Como visto, nos Estados Unidos e na Europa, os automóveis particulares ficam parados 23 horas por dia, em média (Futureofcarsharing.com, 2013). No Brasil, a ociosidade deve ser comparável. É bem verdade que, parados, os automóveis não são envolvidos em acidentes e poluem apenas marginalmente,[14] porém tampouco cumprem sua função de transportar pessoas e coisas; apenas ocupam espaços que poderiam ser dedicados a usos mais nobres. Em movimento, além de poluírem, ocupam espaços ainda maiores, preciosos, nas cidades e no campo. Assim, parar os automóveis pode ser uma grande contribuição à mobilidade urbana, à qualidade de vida, ao meio ambiente e à saúde, e os danos à economia podem ser compensados pela criação de outras atividades, e de maneira surpreendentemente rápida.

A ideia de parar os carros, tão radical e aparentemente inalcançável, não consta de nenhum plano urbano de qualquer cidade grande. Não obstante, muitas dessas cidades têm

---

[14] Mesmo quando parados, há evaporação de combustível, com impactos sobre a qualidade do ar (Ministério do Meio Ambiente, 2011).

feito exatamente isso nas últimas décadas, de maneira paulatina, mediante oferta de alternativas de locomoção e criação de áreas sem carro, que são devolvidas aos pedestres, transformadas em jardins, em áreas comerciais, residenciais, de lazer, etc., que valorizam a vida urbana, na medida em que melhoram a qualidade desta, tornando cada vez mais claro que essas áreas ampliam as chances dessas cidades de fornecerem "bons" empregos, boas escolas e boas oportunidades de desenvolvimento humano a seus cidadãos. Parece que a primeira cidade a decidir banir os automóveis de determinadas áreas foi Copenhague, já em 1962. No Brasil, Curitiba foi pioneira, na década de 1970; posteriormente, muitas outras cidades adotaram medidas análogas.

A súbita e total paralisação dos carros certamente não está no cardápio, nem é defendida aqui, mas a criação – e gestão – de locais onde eles não possam entrar, o oferecimento de alternativas como o transporte público ou de bicicleta, com segurança, a redução das necessidades de movimentação, essas linhas de política pública, sim, fazem parte do leque de medidas adotadas em muitos países do mundo para gerir, melhorar e tornar mais sustentável a mobilidade e mais agradável a vida urbana.

A ideia de parar os automóveis é radical e, aos olhos de muitos, parece impossível, irrealista. Ainda mais quando esses objetos foram transformados em símbolos de *status*, por meio de propaganda consciente e deliberada de uma indústria que precisa vender mais e mais para sobreviver. Por causa disso – e das deficiências do transporte público e do não motorizado –, grande parte da população anseia por desfrutar da liberdade de se deslocar quando e para onde quiser no automóvel particular dos seus sonhos. No entanto, a análise dos dados e das tendências observáveis em todo o mundo indica que é impossível continuar indefinidamente a encher o planeta de automóveis particulares.

Não se defende aqui, repita-se, a completa e súbita paralisação dos automóveis. Ainda assim, há pelo menos dois exemplos históricos que reforçam a ideia de que pará-los não é absurdo nem desorganizaria por completo a economia. Esses exemplos, que justificam o título desta seção, serão vistos adiante.

Mobilidade e economia

Antes de mencionar tais exemplos, é importante deixar claro que economia saudável não é sinônimo de produto interno bruto (PIB) crescente, nem de favoráveis "expectativas dos investidores", muito menos de nota dada pelas agências de avaliação de crédito, embora esses elementos tenham importância. Economia diz respeito à vida cotidiana das pessoas, à sua capacidade de se alimentarem, interagirem, movimentarem-se, trabalharem, cuidarem da saúde, procriarem, etc.; economia é uma visão ou análise da maneira como a sociedade se organiza para prover os objetos – alimentos, roupas e outros – e serviços de que as pessoas precisam para sobreviverem.

A elevada importância concedida por governantes, empresários, sindicalistas e mesmo acadêmicos e, em decorrência, pela imprensa e pelo público a políticas com o objetivo de fazer crescer o PIB não tem justificativa nem com base em uma análise do conceito de "produto interno bruto", nem com base nos resultados dessas políticas; basta lembrar, no caso, a discussão desencadeada pelo então ministro Delfim Neto, à época da ditadura militar, com relação a "crescer primeiro, distribuir depois". A importância atribuída ao crescimento do PIB explica-se por uma razão ideológica – uma vez que os negócios e a circulação financeira crescem com o PIB –, e também pelo fato de ser uma medida simples em termos de comunicação, que supostamente possibilita comparações fáceis entre regiões ou países e ao longo do tempo.

A inadequação do conceito como orientador de políticas econômicas já é amplamente conhecida e aceita, embora ainda não plenamente acatada pelos governantes. O ex-presidente da França Sarkozy, ciente dos problemas, encomendou relatório que se tornou famoso e que propôs conceitos alternativos para melhor retratar ganhos e perdas de qualidade de vida e possibilitar orientação mais precisa de políticas públicas nessa direção (ver Stiglitz, Sen e Fitoussi, 2009). Também

MEIO AMBIENTE & MOBILIDADE URBANA

desde o ponto de vista ambiental, são muitas as críticas ao conceito – ou melhor, ao uso que se tem dado a ele (ver Viveret *apud* Duarte, 2013). Não cabe, aqui, uma discussão mais detalhada sobre as limitações do conceito de PIB, cujo próprio criador, o economista Simon Kuznets, reconhecia (ver Silva em Ganem, no prelo). Desde a época em que foi proposto e seu cálculo e uso se espalharam mundo afora, logo após a Segunda Guerra Mundial, já se sabia das limitações, hoje ainda mais aprofundadas por diversos autores. Para sintetizar parte das ideias que alimentam a crítica ao processo político que transformou o rápido crescimento do PIB no Santo Graal da modernidade, recorre-se, porém, a dois autores.

O economista francês Patrick Viveret afirma que

> do ponto de vista do PIB, uma catástrofe como o vazamento de óleo de um petroleiro que polui as praias [é] perfeitamente produtiva, uma vez que o conjunto dos fluxos monetários de reparação, indenização e despoluição gera valores agregados na contabilidade privada das empresas e nos gastos públicos, os quais depois são positivamente somados [...]. Ao mesmo tempo, como característica desse paradoxo [...] os voluntários que participam da despoluição das praias e das águas são invisíveis, ou até contribuem para fazer o PIB baixar – podemos supor, com efeito, que, ao substituírem de graça o pessoal assalariado, eles contribuem, ao menos potencialmente, para diminuir o produto interno bruto. Isso se aplica a toda atividade destrutiva que produza fluxos monetários e a toda atividade positiva, útil ou vital, que não os produza. (Viveret *apud* Duarte, 2013, pp. 16-17)

O próximo texto é quase meio século antigo. Escrito em 1968, trata-se de discurso proferido pelo ex-senador norte-americano Robert Kennedy na Universidade do Kansas:

> Nosso PIB [...] conta [como positivos] a poluição do ar e os anúncios de cigarros, e as ambulâncias para limpar a carnificina nas nossas estradas. Conta fechaduras especiais para nossas portas e as cadeias para as pessoas que as quebram. Conta a destruição da sequoia canadense e a perda da nossa beleza natural pelo espraiamento caótico [das cidades]. Conta o napalm e conta as ogivas nucleares e os carros blindados da polícia para combater as revoltas em nossas cidades. [...] Conta os programas de TV que glorificam a violência para que se vendam brinquedos aos nossos filhos. No entanto, o PIB não leva em conta a saúde das nossas crianças, a qualidade da sua educação e a alegria das suas brincadeiras. Não inclui a beleza da nossa poesia nem a força dos nossos casamentos, a inteligência do nosso debate público nem a integridade das autoridades. Ele não mede nossa inteligência nem nossa coragem, nem nossa sabedoria ou aprendizagem, nem nossa compaixão nem nossa devoção ao nosso país. Em síntese, ele mede tudo, menos aquilo que faz a vida valer a pena. ("Bobby Kennedy...", 2012)

A propósito, um eventual e substancial aumento nas viagens a pé ou de bicicleta, que praticamente não geram fluxos financeiros, em substituição aos deslocamentos motorizados, que implicam gastos com veículos, combustíveis, etc., teria, certamente, o impacto de reduzir o PIB; as pessoas se tornariam mais saudáveis, provavelmente mais sociáveis e menos estressadas, e ainda gastariam menos de seus orçamentos domésticos com transporte, enquanto recursos públicos hoje usados para curar doenças da poluição e para expandir e manter a infraestrutura de mobilidade poderiam ser aplicados de forma a gerar melhorias da qualidade de vida mais diretas. Ainda assim, o PIB diminuiria… e depois provavelmente voltaria a crescer, após "absorvida" a referida substituição modal.

Por todas essas razões, orientar a política econômica pelo objetivo de fazer crescer o PIB é como navegar com uma bússola que aponta o norte errado.

No mundo contemporâneo, as pessoas precisam não só de alimentos e moradia, mas também de ar limpo, de locomoção segura, confortável e rápida (o que não significa locomoção em alta velocidade). Essas são características que, as evidências são claras, a proliferação de automóveis torna cada vez mais difíceis.

Isso posto, o primeiro exemplo histórico de que parar os automóveis não desorganizaria a economia vem dos Estados Unidos da América, a própria Meca do automóvel, e ocorreu em fevereiro de 1942. Em face do grande desafio representado pela necessidade de mobilizar a população e a economia para dar resposta ao ataque a Pearl Harbour e

> embora o país produzisse, então, cerca de 3 milhões de veículos por ano, como parte da reação, já em fevereiro de 1942, os EUA proibiram a venda de automóveis novos em seu território (Brown, 2009, p. 260) e promoveram a conversão das fábricas

de veículos para produzir artigos necessários ao esforço de guerra. Durante três anos, apenas alguns segmentos – órgãos de governo, militares, médicos e outros – puderam adquirir veículos zero quilômetro. Uma vez convertidas as fábricas para produzir aviões, veículos militares e outros artigos, quase toda a produção passou a ser adquirida pelo governo. Este, dado o desafio a vencer, adotou inúmeras medidas para financiar tais compras e ainda logrou êxito em controlar as pressões inflacionárias decorrentes do grande aumento dos gastos públicos. Segundo Tassava (2005), entre abril de 1942 e junho de 1946, a taxa anual de inflação foi de 3,5%. (Silva em Ganem, no prelo)

Destaque-se que o desafio das mudanças climáticas é, como já registrado, dos maiores, senão o maior jamais enfrentado pela humanidade. Assim, a analogia com o esforço de guerra é justificada e ilustra o potencial para se transformar existente na economia. Pendente, sem dúvida, de uma conjuntura política com liderança e unidade nacional – e, cada vez mais, global – em prol de vencer o desafio. Não obstante, a sociedade em geral – e a economia em particular – ainda parece alheia ao risco global, adotando, na rotina cotidiana, a atitude já conhecida pelos antigos romanos "Comamos e bebamos porque amanhã morreremos".

O segundo exemplo não se refere tão diretamente a carros quanto o primeiro. Trata, porém, de uma prática social adotada por certo grupo e que, como os automóveis, acabou por se transformar em um problema a ponto de colocar em risco a própria sobrevivência daqueles que a criaram e adotaram. Nisso, a semelhança com os automóveis é ampla. Estudando a ilha de Tikopia, no Pacífico Sul, que possui 4,7 quilômetros quadrados e densidade de 302 habitantes por quilômetro quadrado, Diamond (2005, p. 356) aponta que, lá, uma das estratégias para garantir a capacidade de sustentação do ambiente foi a mudança de hábitos alimentares que eliminou todos os porcos, os quais "atacavam e estragavam as plantações, competiam com os humanos por comida, eram um meio ineficaz de alimentar seres humanos – são necessários 9 quilos de vegetais para produzir apenas 1 quilo de porco – e acabaram se tornando uma comida de luxo para os chefes". Sobre o episódio, comenta Ribeiro:

> Eliminar a carne de porco do cardápio alimentar permitiu aproveitar melhor a limitada capacidade de suporte, pois os porcos disputavam a pouca área disponível para cultivo com a produção de alimentos para a população humana. Diferentemente da Ilha de Páscoa, em que o desmatamento e a perda de capacidade de produzir seu próprio alimento levaram à extinção da população, Tikopia não entrou em colapso. (Ribeiro, 2013, p. 44)

Em face dos danos causados pelos automóveis à saúde humana, assim como à mobilidade geral – embora o automóvel particular tenha contribuído, durante décadas, para a mobilidade individual, e ainda possa servir a esse fim desde que a forma de usá-lo seja profundamente transformada –, já se tornou consensual que eles reduzem a mobilidade geral. Assim, não é demais imaginar que esses objetos serão severamente restringidos.

Aliás, essa é uma tendência que já se observa em diversas localidades, como mencionado. Em inúmeras análises, inclusive de instituições como a União Europeia, fala-se em "administração da demanda", um eufemismo para um conjunto de medidas cujo objetivo, inicialmente, era restringir a movimentação dos automóveis e, posteriormente, foi ampliado e passou também a orientar o planejamento do uso do solo. Noutras palavras, essa "administração da demanda" não se refere apenas aos automóveis: objetivos mais amplos de sustentabilidade e economicidade buscam diminuir a demanda por movimentação, em busca da facilitação do acesso. A noção não é contraditória, como inicialmente pode parecer.

Nova York, por exemplo, vem implantando um programa cujo objetivo é criar espaços para o convívio das pessoas que, entre outras medidas, elimina áreas de estacionamento de carros. São inúmeras as iniciativas: veja-se o programa Curb Side Seating Platforms Sponsored by Local Businesses, do Departamento de Transporte da Cidade de Nova York (NYCDOT). Esse programa é parte de um conjunto de ações: "as medidas de desenho de ruas, os programas de segurança e os programas educacionais ajudaram a reduzir as fatalidades do trânsito em 35% nos últimos dez anos", segundo a responsável pelo setor de transporte da prefeitura local (Hinds, 2013). Uma das mais conhecidas iniciativas foi a transformação de áreas em torno da famosa Broadway, que criou espaços de pedestres na igualmente famosa Times Square. As fotos dessa transformação rodaram o mundo.

Menos conhecida, mas igualmente importante é a história de Seul, na Coreia do Sul. Nos anos 1950/1960, as margens do rio Cheonggyecheon, que constituía uma das principais vias da cidade havia séculos, estavam cobertas de barracos e palafitas cheias de refugiados da guerra da Coreia, os quais viviam em condições abjetas. Vale a pena ver as imagens da época, chocantes, e compará-las a imagens atuais, auspiciosas (Preservation Institute, 2007). Nos anos 1970, as palafitas foram retiradas e parte do rio foi coberta por uma via expressa elevada, à época símbolo de modernidade, que se tornou uma das mais importantes da cidade. Em 2000, a área havia se tornado uma das mais barulhentas e congestionadas da capital coreana, com fluxo diário de 120 mil carros. Ainda assim, em 2001, um candidato a prefeito tinha como uma das suas promessas a retirada da via e a restauração das condições de vida ao longo do rio; eleito, implantou o projeto, que ficou pronto em 2005. Apesar de ele ter recebido da população o apelido de "Mr. Buldozer", o sucesso do projeto contribuiu para que, mais tarde, fosse eleito presidente da república. Foi construída, também, uma linha de Bus Rapid Transit (BRT)[15] para assegurar a mobilidade dos habitantes, planejada como um complemento ao sistema de metrô, cuja ampliação foi considerada cara demais. Outras ações complementares foram adotadas, e a região do rio Cheonggyecheon tornou-se motivo de orgulho para os sul-coreanos, além de ter multiplicado o fluxo de turistas e de negócios em direção à cidade.

Ao se falar em "administração da demanda" ou, mais diretamente, em restrição ao uso do carro, é fundamental enfatizar que isso não significa, por contraditório que possa parecer, impedir ou mesmo dificultar o uso desse veículo quando o objetivo é um deslocamento ocasional de uma ou de poucas pessoas, fora de um itinerário regular. Restringir o automóvel particular não significa negar às pessoas o "direito" de usufruir de um veículo individual. O foco é oferecer alternativas, não só o transporte coletivo, mas também o uso múltiplo do solo, com "bairros completos", que tornem desnecessárias longas viagens para satisfazer as necessidades humanas, e, com isso, evitar que o movimento pendular diário da casa ao trabalho ou à escola seja feito em veículo individual tão danoso à sociedade e ao ambiente.

---

[15] Os BRTs são ônibus em linhas segregadas que possuem sistema de pré-pagamento para evitar demoras no embarque. A história dessas linhas é curiosa: foram desenvolvidas e implantadas primeiramente em Curitiba, por Jaime Lerner, então chamadas de "corredores exclusivos para ônibus", porém seus bons resultados foram desprezados no Brasil, mas adotados no exterior. Após a adoção das iniciais do nome em inglês – BRT, diversas cidades passaram a almejá-los.

Nessa direção, a "partilha de automóveis" tem apresentado grande crescimento. Como é comum na história da difusão de novas tecnologias, há variações quanto à organização do negócio; a tendência, no entanto, é clara, e políticas para incentivá-la trariam resultados positivos.

O mesmo modelo se aplica a outros sistemas de mobilidade. Por exemplo, em supermercados e aeroportos, os carrinhos de transporte – assim como as cadeiras de rodas – cumprem suas funções várias vezes ao dia, compartilhados pelos clientes, e não são propriedade deles. Os táxis também são compartilhados, e as novas tecnologias de comunicação facilitam ainda mais o seu uso. Em São Paulo, um grupo de jovens criou aplicativos para facilitar as caronas e o uso de táxis, com reais economias para o bolso dos usuários e os gastos municipais.

Nos próximos trinta anos, segundo relatório preparado em parceria entre a Universidade de Nova York e a BMW, avanços na tecnologia automotiva transformarão o automóvel e o seu papel na cidade (Moss e O'Neill, 2012). Além de mudanças no desenho, haverá a transformação do carro de um veículo individual, operado independentemente, em uma parte integrante de uma rede.

No Brasil, para que esse modelo de negócios prospere, há que se superarem diversas dificuldades: a elevada idade da frota, a precariedade da segurança pública, a deficiência das comunicações móveis e, ainda, a atitude mental de muitos, em cargos de destaque na política e na economia, que ainda perseguem "soluções" propostas no século passado ainda hoje não realizadas. Os ganhos potenciais, porém, são elevados, e a alternativa merece, sem dúvida, maiores esforços para que as dificuldades usuais em mercados iniciantes sejam vencidas.

Outra lembrança do passado: a expansão do uso dos automóveis foi restringida, até por volta dos anos 1920, em razão de um dilema de difícil superação: para ampliar seu uso, era necessário existir uma rede de postos de abastecimento de combustível; a existência dessa rede, por sua vez, dependia da generalização do uso dos automóveis. Demorou, mas, como se sabe, o impasse acabou por ser superado – não sem o apoio de políticas públicas.

Em conclusão, pode-se dizer que ainda não foi encontrado o modelo que permitirá a rápida expansão dessas novas formas de uso do automóvel, com grandes benefícios à mobilidade e à qualidade de vida das populações dos locais onde o *know-how* for desenvolvido. Experimentar é fundamental, assim como incentivos e coordenação nacional, para que se tenha um mercado suficientemente amplo e se possa, eventualmente, auferir os prováveis benefícios da inovação em um mercado dinâmico. Continuar a pensar como no século passado é receita para o fracasso.

A MOBILIDADE DAS COISAS: CAMINHÕES

Embora sejam raras as análises que incluem os caminhões entre os integrantes da mobilidade urbana, é essencial considerá-los porque, além de disputarem espaço com os demais modos e de poluírem o ambiente, eles são necessários para duas atividades básicas à sobrevivência das pessoas: abastecê-las e retirar os rejeitos descartados, entre estes as 311 mil toneladas anuais – apenas no Brasil (Cruz, 2012) – de pneus inservíveis, com baixa taxa de reciclagem, assim como as carcaças de veículos abandonados.

A "carga" urbana mais nobre – tão nobre, que pode parecer chocante tratá-la como tal – são as pessoas.[16] Em São Paulo, em 2007, eram transportados diariamente cerca de 40 milhões de pessoas. Considerando a média de 70 quilos por pessoa, teríamos um "frete" de 2,8 milhões de toneladas por dia. Fosse essa "carga" transportada em caminhões com capacidade de efetuar quatro viagens por dia, levando 10 toneladas por vez – o equivalente a 143 pessoas em cada

---

[16] Comenta-se, no meio do transporte, que um dos maiores empresários do setor de transporte rodoviário de passageiros no Brasil iniciou sua carreira adquirindo, com as economias conquistadas durante sua estada na Força Expedicionária Brasileira, na Itália, um veículo de carga. Pouco após, no ato de descarregar seu caminhão, ele teria visto os passageiros entrarem e saírem de um ônibus estacionado próximo e comentado: "Vou vender o caminhão e comprar um ônibus; nele, a carga embarca e desembarca sozinha!". Fato ou mito, a anedota revela algumas das semelhanças e distinções entre o transporte de passageiros e o de carga.

caminhão, e um ônibus lotado talvez não leve mais de 100 –, seriam necessários 56 mil veículos. A frota de caminhões na cidade de São Paulo era, em 2011, estimada em 155 mil unidades (Observatório Cidadão, s/d.). Fica claro que a proposta de reduzir essa movimentação teria impactos favoráveis na melhoria da acessibilidade; logo, alterar as práticas tradicionais é fundamental. Alcançar esse objetivo implica lutas e vitórias políticas de grande porte, somente viabilizáveis mediante um processo de educação ambiental e mobilização comunitária.

Atualmente, embora existam, são poucos os caminhões que levam gente. Já na análise da *mobilidade das coisas* no meio urbano, eles dominam e a ferrovia é praticamente irrelevante, exceto para fazer chegarem ou saírem as mercadorias das cidades. Isso porque a ferrovia não oferece a flexibilidade de origem e destino que oferecem os caminhões; pois não há trilhos espalhados pelas cidades como há ruas. Ainda assim, a existência de passagens em nível, assim como o conflito entre trens de carga e de passageiros em algumas linhas, é motivo tanto de acidentes quanto de interrupções no fluxo do trânsito rodoviário. A ocupação das margens das ferrovias por assentamentos ilegais, além dos acidentes que provoca, exige a redução da velocidade dos trens e implica dificuldades e custos maiores para o fluxo ferroviário de cargas em áreas urbanas. Apesar disso, as ferrovias, quando existentes, são de grande importância para o transporte de pessoas para dentro e para fora de áreas metropolitanas muito espalhadas. No caso brasileiro, é lamentável que apenas 7% das viagens, aproximadamente, sejam feitas nesse modal.

Grande parte dos caminhões de entrega urbana trafega vazia. Com base em pesquisa de origem-destino de 2001-2002 realizada na região metropolitana de Belo Horizonte, Magalhães, Castro e Mendes (2009) identificaram que 38% dos veículos que entram nessa região se encontram vazios ou descarregados, e 32% dos que a deixam também estão vazios. Os autores apontam ainda que cerca de 70% da frota apresenta ociosidade acima de 50%.[17] Não há razão para se acreditar que noutras grandes cidades brasileiras a situação seja muito diferente.

Isso se deve – em parte – a que cada empresa de transporte atende aos seus próprios clientes, sem qualquer agrupamento que possa, no jargão do transporte de mercadorias, "consolidar" a carga para distribuição ao conjunto de destinatários dispostos ao longo da rota ou região. Como cada empresa tem a sua frota, é como se as empresas distribuidoras de energia elétrica tivessem, cada uma, a sua rede. A ineficiência do sistema de transporte hoje existente fica patente.

Muitas das soluções propostas para o conflito entre a mobilidade dos humanos e a das cargas, como a restrição ao

---

[17] Pesquisa realizada em Bangcoc apenas com indústrias manufatureiras chegou à conclusão de que, do total de 245.118 quilômetros percorridos semanalmente pelos seus caminhões, em nada menos que 210.193 quilômetros os veículos estavam vazios (Peetijade e Bangviwat, 2012).

uso de caminhões de maior porte em algumas áreas, não têm apresentado os resultados esperados. Na cidade de São Paulo, com restrições cada vez maiores, entre janeiro de 2008 e janeiro de 2012, a frota de caminhões foi reduzida em 4.222 unidades, passando ao total de 154,6 mil. No mesmo período, a frota de veículos de carga de menor porte, os chamados veículos urbanos de carga (VUCs), passou de 549 mil para 769 mil (Garcia, 2012). Ou seja, para cada caminhão de porte médio ou grande eliminado, entraram na cidade 52 VUCs, que claramente ocupam área muito maior do que os caminhões afastados e, portanto, congestionam o trânsito e restringem a mobilidade muito mais.[18] Mesmo considerando o aumento da população e da carga urbana no período, e levando em conta também a maior capacidade de manobra dos veículos menores, parece claro que o resultado foi o oposto da esperada melhoria do trânsito.

Filippi *et al.* (2010), analisando a situação na Europa, apontam o fato de que muitas das políticas adotadas com relação aos veículos de carga urbana não geram os resultados esperados. Registram, ainda, que

---

[18] Certamente, os dados acima não significam que cada caminhão grande foi substituído, na mesma operação, por 52 unidades de VUCs. Não obstante, o fato é que, para cada caminhão retirado, houve a introdução de um número mais do que proporcional de VUCs.

em geral, a participação dos veículos de carga nas emissões totais do transporte é entre 20% e 30%, dependendo da situação local.[19] Algumas pesquisas na Europa indicam que a carga urbana responde por 14% dos quilômetros-veículo, 19% da energia usada e 21% do CO_2 emitido. O frete urbano é mais poluidor que o de longa distância, em razão da frequência de viagens curtas com paradas. O consumo de combustível aumenta rapidamente se o veículo tem que parar com frequência: com cinco paradas em 10 quilômetros, o consumo de combustível aumenta em 140%. (Martensson, 2005)

Em estudo de 2010, a PricewaterhouseCoopers (*apud* Araújo, 2012) constatou que, entre 417 cidades europeias, 84% possuíam restrições à circulação de veículos de passeio ou de cargas, sendo estes o alvo principal; a motivação primeira era a questão ambiental, e não o problema dos congestionamentos. No Brasil, amplia-se o número de cidades com restrições, principalmente motivadas pela crença de que tais medidas reduzirão os congestionamentos, sendo as principais restrições aplicadas aos veículos de carga, correspondendo a limitações de horário de carga e descarga e tamanho e peso dos veículos. O rodízio de automóveis ocorre apenas em São Paulo.

As análises sobre a distribuição de carga não incluem estudos (ou, ao menos, nenhum foi identificado) que

---

[19] No Brasil, em 2009, os caminhões leves, médios e pesados e comerciais leves foram responsáveis por aproximadamente 9% da emissão de CO, 58% das de NO_x e 65% das de MP (Ministério do Meio Ambiente, 2011).

contemplem o crescente papel das motocicletas nas entregas urbanas de alimentos e pequenas encomendas. Como se sabe, as motos são altamente poluentes, e a sua frota é a que mais tem crescido no Brasil.

Outro aspecto negligenciado nas análises da mobilidade é a coleta de resíduos sólidos urbanos. Pesquisa do Instituto Brasileiro de Geografia e Estatística (IBGE), de 2004, estima em 160 mil toneladas diárias o lixo gerado no país, das quais 30% no Rio de Janeiro e São Paulo (Pegurier, 2004). A Associação Brasileira de Empresas de Limpeza Pública e Resíduos Especiais (Abrelpe) estimava, para o ano de 2012, 171,9 mil toneladas diárias. Estima também que 10% do total deixou de ser coletado (Abrelpe, 2012). Note-se que esses montantes se referem a resíduos sólidos domiciliares, não incluindo, pois, aqueles resultantes de processos industriais e da construção civil.

Sem dados acessíveis acerca das frotas de coleta e da disposição dos resíduos sólidos, há de se considerar outros indicadores para uma primeira e superficial abordagem do tema. Assim, estima-se que, em 2010, o município de São Paulo gastava R$ 965 milhões/ano e o Rio de Janeiro, R$ 850 milhões/ano com o lixo. O contribuinte paga uma taxa que não cobre os gastos, e quem suja mais não paga mais. Inexiste, pois, incentivo para reduzir a geração de lixo (Baretto, 2010). De acordo com a Pesquisa Nacional de Saneamento Básico

2008, do IBGE (2010), o manejo dos resíduos sólidos pode comprometer até 20% do orçamento municipal.

No planeta, a situação básica, conforme Zurbrügg (2002), é tal que entre um e dois terços dos resíduos sólidos gerados não são coletados.

> De maneira geral, os habitantes ricos usam parte da sua renda para evitar a exposição direta aos problemas ambientais próximos da sua residência, e os problemas são transportados de sua vizinhança para longe. Assim, enquanto os problemas ambientais ao nível das vizinhanças mais ricas podem até retroceder, no nível da cidade ou região, a degradação ambiental permanece ou até aumenta. (Zurbrügg, 2002, p. 1)

No Brasil, a questão se reproduz, e os impactos do "transporte dos problemas para longe" sobre a mobilidade urbana são expressivos, embora, em decorrência da falta de informações, nada claros em termos quantitativos. O transporte de 160 mil toneladas diárias, como o IBGE estima, supondo-se caminhões com capacidade de carga de 16 toneladas, implica 10 mil viagens com paradas a cada poucos metros, com grande impacto ambiental. De acordo com pesquisa citada no *site* da Associação Brasileira das Empresas de Tratamento de Resíduos Sólidos (Abetre), os caminhões de lixo, em razão das frequentes paradas, são os que mais emitem dióxido de carbono: cerca de 1,24 quilo por quilômetro rodado (Ziegler, 2011).

Outra questão ligada ao transporte de carga em geral que tem implicações ambientais significativas é a idade média da frota de caminhões que circula no Brasil. Segundo a Confederação Nacional do Transporte (CNT) e o Instituto de Pós-Graduação e Pesquisa em Administração (Coppead) da Universidade Federal do Rio de Janeiro (*apud* Rocha, Ronchi e Moura, 2011), essa média alcança 17,5 anos para o total e 23 anos se considerados apenas os transportadores autônomos. Isso ajuda a entender a razão pela qual pequena parcela da frota é responsável pela maior parte das emissões.

Vistas algumas características do transporte de carga, é importante analisar as projeções quanto à sua evolução. A publicação *Transport Outlook 2011*, da Organização para a Cooperação e o Desenvolvimento Econômico (OCDE), dá algumas informações básicas:

> Em 2050 [...], se a infraestrutura e os preços da energia permitirem, haverá entre 3 e 4 vezes mais passageiros/quilômetros viajados do que em 2000, e entre 2,5 a 3,5 vezes tanto frete, medido em tonelada/quilômetro. O crescimento será maior fora da OCDE [...]. Nesta, o transporte de passageiros crescerá entre 30% e 40% e o de mercadorias entre 60% e 90%. Fora da OCDE, o transporte de passageiros crescerá por um fator entre 5 e 6,5, e o de mercadorias por um fator entre 4 e 5. [...] Em 2050, as emissões globais originadas dos veículos podem estar entre 2,5 e 3 vezes maiores que em 2000. Para que as emissões dos carros e caminhões leves permaneçam no nível de 2010, o consumo médio da frota deveria melhorar rápida e

> fortemente, de cerca de 8 litros por 100 quilômetros em 2008 para 5 litros por 100 quilômetros em 2030 e menos de 4 litros por 100 quilômetros em 2050. (OCDE, 2011, p. 5)

Para que se avalie o nível do desafio que esses números impõem ao Brasil, registre-se que o *1º Inventário Nacional de Emissões Atmosféricas por Veículos Automotores Rodoviários* (Ministério do Meio Ambiente, 2011) estima o consumo médio da frota brasileira de veículos comerciais leves em 11 litros por 100 quilômetros.

Registre-se, também, que o mais recente relatório do grupo de trabalho, base do *Quinto Relatório de Avaliação do Painel Intergovernamental sobre Mudanças Climáticas* – com publicação em 2014 –, apresenta os seguintes dados:

> Limitar o aquecimento causado apenas pelas emissões antropogênicas de CO_2 com uma probabilidade [...] maior que 66%, a menos de 2 °C desde o período 1861-1880 exigirá que as emissões cumulativas de CO_2 de todas as fontes antropogênicas fiquem entre [...] 0 e 1.000 GtC [...] desde aquele período. Esse limite superior fica reduzido para 790 GtC [...] quando se levam em conta os forçadores não CO_2. Uma quantidade de 515 GtC [...] já havia sido emitida em 2011. (IPCC, 2013, p. 25)

A conclusão é clara: o volume já emitido, relativamente a um limite com 66% de probabilidade de evitar aquecimento superior a 2 °C, deixa pouco ou nenhum espaço para que se permita ocorrer um crescimento da movimentação de cargas e da correspondente emissão de GEE como o previsto pelo trabalho da OCDE (2011).

MOBILIDADE DE GRANDES NÚMEROS: ÔNIBUS E OUTROS

É curioso lembrar que, ainda hoje, muitos motoristas brasileiros, quando parados em congestionamentos, reclamam dos ônibus que, ao ocuparem maior espaço nas vias, estariam "atravancando" o tráfego. Embora essa possa ser a percepção imediata, aparente, o fato é que, como os ônibus levam muito mais passageiros do que os automóveis por metro quadrado de via ocupada, são estes, e não aqueles, os maiores responsáveis pelos congestionamentos urbanos. De maneira semelhante, como os ônibus levam mais passageiros, emitem menor quantidade de gases de efeito estufa por passageiro por quilômetro transportado. Os trens urbanos, por sua vez, emitem ainda menos, mas as grandes cidades brasileiras, construídas sem que fossem deixadas áreas para a expansão desse meio, perderam a possibilidade de utilizá-los,[20] salvo

---

[20] Cálculos poderiam ser feitos, mas, mesmo sem eles, parece que o custo de desapropriação de terrenos impede a expansão de linhas ferroviárias até em cidades relativamente pequenas, pois os trens não podem fazer curvas com o mesmo raio que os ônibus e não poderiam usar a malha viária existente.

nos relativamente poucos trechos onde já existem vias, em poucas porém importantes cidades.

Enquanto os automóveis particulares operam segundo as necessidades e possibilidades de seus proprietários, os ônibus operam em sistemas que, ao menos em tese, têm o objetivo de constituir uma "malha" que cubra a cidade e atenda aos diversos desejos de deslocamento da população. Tal "malha", para ser eficiente e proporcionar serviço confortável, precisa oferecer as seguintes qualidades básicas: ter capilaridade, mediante linhas locais, e agilidade e capacidade compatível com o volume a ser transportado em seus eixos principais ou troncais. É fundamental, também, que ofereça pontualidade, rapidez, segurança e, fator que faz enorme diferença, informações confiáveis aos passageiros sobre rotas e horários: chegar ao ponto de ônibus sem saber a que horas passará o próximo veículo, como ocorre quase sempre nas cidades brasileiras, é fator de desperdício de tempo e de irritação para os usuários[21] e que desestimula a opção por esse meio de transporte.

A "capilaridade" é importante para recolher ou levar os passageiros o mais próximo possível do destino, que pode ser outra linha, a troncal, para volumes maiores de passageiros. Para quantidades maiores de passageiros, os "eixos" devem

---

[21] É quase inacreditável que ainda hoje praticamente não existam, nos pontos de ônibus das cidades brasileiras – nem mesmo no metrô de São Paulo – , informações sobre os horários de passagem dos veículos para que o passageiro se organize quanto ao momento de chegar ao ponto. Esse tipo de informação já estava disponível nas cidades europeias no início da década de 1970, pelo menos!

operar com agilidade e capacidade correspondente à demanda. Evidentemente, toda a malha deve estar articulada entre si e permitir que os passageiros passem de uma a outra linha rápida e facilmente, sem custos adicionais. Para isso, são básicas a disponibilidade de mapas que mostrem aos passageiros os caminhos e destinos e a integração tarifária. Quanto maior for o número de passageiros por hora por sentido, maior será a necessidade de alta capacidade no sistema. Para volumes da ordem de 40 mil passageiros por hora por sentido, apenas sistemas segregados, isso é, sobre pistas exclusivas, com veículos de grande porte, conseguem atender à demanda. Por exemplo, os chamados Bus Rapid Transit, os veículos leves sobre pneus (VLPs), os veículos leves sobre trilhos (VLTs) e, para volumes ainda maiores, trens e metrôs.

Não há muita diferença entre os dois primeiros, que são ônibus que rodam em vias que lhes são exclusivas, onde um pode ultrapassar o outro e nas quais os passageiros podem entrar e sair rapidamente, não reduzindo a velocidade operacional, razão pela qual é importante que não existam catracas nos veículos e o pagamento seja feito fora dele (preferivelmente, oferecendo-se aos passageiros opções, desde passes mensais até unitários, sendo os primeiros mais baratos, por viagem, do que os últimos). Os VLTs são os bondes.[22]

---

[22] Os bondes, assim como os automóveis e os demais meios de transporte, passaram por grandes transformações tecnológicas desde as décadas de 1920 e 1930, quando foram implantados em muitas cidades brasileiras. Curiosamente, é frequente que alguns

Em cidades muito grandes, o metrô tende a aparecer como a única solução, por não interromper o trânsito na superfície. Em países em desenvolvimento, porém, o elevado custo de sistemas subterrâneos praticamente impede a sua implantação, ainda mais quando se leva em conta a escassez de recursos e a ampla demanda por mais e melhor saúde, educação e outras necessidades básicas tão importantes ou mais do que a mobilidade. Nesse sentido, o ritmo lento de implantação desses sistemas na maior parte das cidades desses países reforça as dúvidas sobre se tal "solução" é, de fato, factível. A China, onde extensas redes foram construídas em várias cidades e em tempo recorde, é a grande exceção que confirma a regra.

Outro ponto importante sobre a malha ou rede de transporte é a integração na operação de suas partes. Lembrem-se os comentários anteriores sobre os princípios de gestão do sistema sob o ponto de vista da TransLink, que opera o sistema de transporte público de Vancouver: alterações na demanda devem ser acompanhadas por ajustes da oferta, e, para tanto, várias "linhas" podem ter que ser alteradas em rota e quantidade para mais ou para menos. Caso a gestão e a operação do sistema não sejam integradas, esses ajustes tendem a ser mais difíceis e mesmo a não ocorrer, prejudicando a qualidade

---

governantes, para destacar que os sistemas atuais são distintos daqueles antigos, prefiram dizer "VLTs" ou "bondes modernos". O adjetivo "moderno", no entanto, não é aplicado quando se refere aos demais meios de locomoção.

do serviço. As frequentes e dinâmicas alterações nas origens, nos destinos e nos volumes dos fluxos, inevitáveis em razão da permanente transformação das cidades, representam forte restrição à adoção, nos países em desenvolvimento, do sistema VLT, cujos trilhos não podem ser transplantados a outros locais quando a demanda se altera.

Nos modos mais simples de organização do transporte público, cada ônibus é operado por seu proprietário. Esse, aliás, costuma ser o primeiro "sistema" a ser implantado numa pequena cidade em crescimento, quando um empreendedor "percebe" a oportunidade de oferecer o serviço, e foi também a forma inicial do transporte coletivo nas atuais grandes cidades brasileiras, senão do planeta. Nessa forma de organização – que ainda hoje rege, em larga medida, a parcela dita "informal" do sistema que opera em grande parte das cidades brasileiras e de outros países, com *vans* e outros veículos relativamente pequenos –, o proprietário do ônibus ou da *van* busca a maior quantidade possível de passageiros, sem uma regulação a partir de uma autoridade que gerencie o sistema. São implicações dessa forma de organização: 1) para tentar "captar" o maior número de passageiros, cada operador busca "chegar ao ponto antes do concorrente", e, assim, os veículos andam em alta velocidade, o que ocasiona acidentes frequentes; 2) nos momentos de pico da demanda – usualmente, o início da manhã e o fim da tarde –, há grande quantidade de veículos, mas, fora do pico, com poucos passageiros, os operadores se recolhem e a população fica sem opção de transporte; 3) com frequência, em razão da pulverização da operação e da diluição da lucratividade da atividade, a manutenção dos veículos fica comprometida e ocorrem interrupções devido a quebras. Tão claras deficiências levaram, ao longo dos anos, nas mais variadas cidades, a que se tentassem diferentes formas de organização de um "sistema" de transporte público. Nessa direção, a operação individualizada foi abandonada em favor de sistemas com gestão central. Mesmo na Inglaterra de Thatcher, a tentativa de operar o sistema de transporte com base em empresas independentes sem uma organização central acabou por se revelar uma má ideia e foi abandonada.

Há diversas maneiras de operar um sistema de transporte público. Para se explicitarem alguns dos requisitos de uma "boa" gestão, vale lembrar as características do processo, conforme mencionado pela TransLink e comentado anteriormente. No caso brasileiro, como a responsabilidade legal pelo serviço público de transporte coletivo é municipal,[23] a organização do sistema varia entre as localidades. Há, porém, predominância de um sistema baseado em "planilhas de custo", discutidas mais adiante.

---

[23] O artigo 30, inciso V, da Constituição Federal, diz ser competência dos municípios "organizar e prestar, diretamente ou sob regime de concessão ou permissão, os serviços públicos de interesse local, inclusive o transporte coletivo, que tem caráter essencial".

A municipalização da responsabilidade tornou-se, no caso das regiões metropolitanas, um problema cuja solução, sempre passível de melhorias, comporta distintas alternativas, que não cabe detalhar aqui. Deve-se registrar, entretanto, que, sendo essas regiões constituídas por diferentes municípios e como nem sempre o diálogo entre prefeitos é construtivo ou tem em vista o interesse comum da aglomeração urbana – qualquer que seja a sua definição –, idiossincrasias locais por vezes impedem soluções para o conjunto. Agrava a questão o fato de as empresas de transporte coletivo urbano tenderem a ser grandes contribuintes às campanhas políticas. Isso, apesar da vedação legal a que permissionários ou concessionários de serviço público façam tais doações.

Análise recente da estrutura institucional desses serviços revela aspectos que não parecem induzir maior eficiência e, por isso, podem merecer amplas transformações. Assim, Orrico Filho *et al.* (2013) concluem o exame dos regulamentos de transporte público de sete[24] das maiores metrópoles brasileiras:

> A análise dos regulamentos [...] permite que se afirme que a estrutura e a filosofia dos diplomas legais que regem a prestação dos serviços de transporte coletivo por ônibus no Brasil sinalizam claramente na direção de mercados fechados, que se omitem de risco e de competição frente a potenciais concorrentes

---

[24] Natal, Recife, Brasília, Curitiba, Belo Horizonte, Fortaleza e Campinas.

> e não contêm elementos que induzam os operadores a esforços para a obtenção de reduções de custos, de busca de qualidade ou de ganhos de produtividade. A quase totalidade dos regulamentos estabelece barreiras à entrada de operadores externos [...], há previsão de licitações [...] acompanhadas de inúmeras possibilidades de dispensa do processo licitatório; o controle social é apenas formal [...]; inexistem incentivos à redução de custos e aumento da produtividade [...]; a forma de controle de qualidade ainda é a fiscalização tradicional; o instituto da receita pública se difundiu [mas] déficits crescentes [transformaram-nas] em câmaras de compensação limitadas à arrecadação tarifária. Urge, pois, engenhar novos institutos de regulamentação econômica que, preservando em mãos públicas a regulamentação da oferta, resgatem a competitividade como instrumento central para a melhoria do desempenho e para a apropriação social dos ganhos de produtividade. (Orrico Filho *et al.*, 2013, p. 56)

Noutras palavras, em vez de mais ônibus – o que, sim, pode ser preciso aqui e acolá –, o que é necessário, de maneira mais geral, são duas coisas: melhor gestão, inclusive com revisão das características básicas dos regulamentos que norteiam a prestação do serviço; e mais espaços para os coletivos mediante efetiva priorização e criação de faixas próprias, se possível exclusivas.

Sem dúvida, além dessas mudanças básicas, muitas outras ações devem ser encetadas, não sem prévia avaliação caso a caso: melhoria dos pontos de parada; informação ao cidadão sobre trajetos e horários; afixação, em cada ponto de parada, do horário previsto para o ônibus chegar àquele ponto; critérios objetivos de manutenção e de limpeza dos veículos;[25] tarifa que permita, durante certo tempo, usar diversos meios sem novos pagamentos, etc. Isso, desde o ponto de vista mais estrito do sistema de transporte, pois é também básico que se gerencie o uso do solo com o objetivo de gerar "cidades completas", em que residência, emprego, diversão e arte sejam acessíveis por meios não motorizados ou por transporte coletivo.

De grande relevância é a prática geral de calcular o valor da tarifa mediante o uso de planilhas, com base na fórmula geral "custo total mais remuneração do capital, dividido pelo número de passageiros pagantes". Esse método não cria qualquer incentivo à redução de custos e, como as autoridades não conhecem os custos reais tão bem quanto os operadores, abre grande espaço para a manipulação dos valores. Há, pois, que alterar essa regra geral em busca da criação de incentivos

---

[25] Na recente licitação do serviço no Distrito Federal, o governador vangloriou-se várias vezes, na imprensa, por ter estabelecido que somente ônibus com menos de sete anos de fabricação poderiam operar no sistema. Certamente que é importante e desejável que os veículos sejam "bons e confortáveis". No entanto, um ônibus pode operar por vinte anos ou mais, a depender da manutenção recebida, e ainda prestar bons serviços, com conforto. Claramente, nesse aspecto, o que importa é a manutenção e a garantia de segurança aos passageiros, muito mais do que a idade dos veículos. Assim, estabelecer prazo tão curto de validade dos ônibus representa um desperdício de recursos naturais, encarece a passagem e, a depender do critério de cálculo do custo do sistema, eleva a lucratividade do operador sem garantir benefício adicional ao cidadão. Permite ainda, após o descarte compulsório do ônibus, que se desenvolvam frotas clandestinas.

ao aumento da produtividade e ao repasse desses ganhos, ao menos em parte, aos usuários.

Como se viu, no Brasil, a maior parte da movimentação em transporte coletivo é feita por meio do ônibus. Vale, pois, lembrar pesquisa elaborada a pedido da Associação Nacional das Empresas de Transportes Urbanos (NTU). Embora já antiga, de 2006, mostra o comprometimento da renda familiar com o transporte coletivo, em todo o país. Diz o relatório:

> Os gastos mensais das pessoas com o transporte coletivo se concentram fortemente na faixa de R$ 80 a R$ 105.[26] [...] O comprometimento médio da renda pessoal [com esses gastos] na faixa de até um salário mínimo [...] chega a 53%, diminuindo progressivamente até atingir o mínimo de 0,4% para os que têm renda superior a vinte salários mínimos. (NTU, 2006, p. 34)

Grande parte do que está dito aqui aplica-se, com ajustes, a outros veículos que sejam utilizados no transporte coletivo, até mesmo a bondes e metrôs, apesar da pouca flexibilidade destes no tocante ao trajeto a percorrer. Teleféricos, planos inclinados e elevadores, como os de Salvador e Lisboa, entre tantas outras cidades, podem cumprir tarefas complementares, a depender do caso específico. Micro-ônibus, *vans* e mesmo barcos têm, entre si e com os ônibus, mais similaridades e

---

[26] Atualizados pelo Índice de Preços ao Consumidor Amplo (IPCA), esses valores seriam, ao fim de 2013, respectivamente R$ 117 e R$ 153.

podem e devem ser usados de forma complementar: cada rota possui suas peculiaridades e sua demanda, e, por vezes, basta uma *van* para atendê-la.

Já os táxis – considerados legalmente como "transporte público individual", conforme o inciso VIII do artigo 4º da Lei nº 12.587, de 3 de janeiro de 2012, a Lei da Mobilidade Urbana (LMU) – são mais específicos: por um lado, pela baixa capacidade individual de transporte e, por outro, por assumirem importância em razão da flexibilidade de trajetos e destinos que possibilitam. Nas emergências, quando não há um carro próprio disponível, recorre-se ao táxi para conseguir rápido acesso seja ao hospital, seja a outro destino aonde se quer chegar rapidamente.

No Brasil, em 2011 (ANTP, 2012b), estavam em operação estimados 188.468 táxis, a maioria nas cidades com mais de 1 milhão de habitantes. No país, a média era de 1,72 unidades por mil habitantes, com um mínimo de 0,67 nas cidades com população entre 100 mil e 250 mil pessoas e um máximo, nas maiores localidades, de 2,7/1.000 habitantes. Esses dados não incluem os mototáxis. Não há informação, ou não foram encontradas, sobre o número de viagens, distância percorrida, quantidade de passageiros transportados ou mesmo sobre quantidade de empresas, cooperativas e taxistas individuais em operação.

Apesar dessa carência de dados, sabe-se que os táxis desempenham importante papel complementar na mobilidade urbana. Modernamente, um desses papéis é a geração de informações sobre origens, destinos, tempo de trajeto e outras, tornadas disponíveis pela generalização – em alguns países – da disponibilidade de redes eficientes e economicamente acessíveis de telecomunicações assim como de táxis com instrumentos de localização com capacidade de transmitir, a uma central, a sua posição e muitos outros dados, inclusive seu *status* de operação (ocupado ou vazio). Segundo Austin (2011): "Ao registrar sua própria atividade, os táxis se transformam em sensores que percorrem a cidade pintando um quadro detalhado das condições de tráfego [e] da demanda por viagens".

Argumenta-se que, quando uma pequena cidade cresce e as distâncias se tornam longas demais para caminhadas, o táxi seria a primeira forma de transporte coletivo a surgir (Silva, Balassiano e Santos, 2011). O crescimento da oferta e da demanda e o surgimento de problemas entre taxistas e passageiros – entre eles, com grande frequência, discussões sobre o valor da corrida – levaram esse serviço a ser regulado em grande número de cidades, com regras que variam conforme o local e ao longo do tempo.

Há locais onde a regulamentação não define barreiras a entradas de novos taxistas; nessa condição, tende a se ampliar o número de táxis e a se reduzir a remuneração do operador, ocasionando, também, deficiências na manutenção do veículo e até problemas de saúde para os taxistas, pela exposição constante a ambientes poluídos e às longas jornadas de trabalho. Noutras cidades, e este é o caso mais frequente no Brasil, a autoridade competente fixa o número máximo de licenças e outras regras do serviço, inclusive a tarifa. Como consequência, a entrada no mercado não é livre, o preço do serviço e a remuneração tornam-se mais altos e as licenças adquirem valores elevados e passam a ser, elas próprias, objeto de comércio, legal ou não, no Brasil e noutros locais. Não raro, surgem também os táxis ilegais: estima-se que cerca de 20% da frota do Rio de Janeiro opere assim (Silva, Balassiano e Santos, 2011).

O número de usuários é informação relevante, mas as fontes são parcas. O *blog Naganuma* ("Polêmicas…", 2014), discutindo sobre se os táxis deveriam ou não ser autorizados a trafegar nos corredores exclusivos para ônibus em São Paulo, afirma que "estudos apontam que os usuários de táxi somam apenas 1% daqueles que usam os ônibus que circulam pelos corredores", porém infelizmente não fornece a referência desses estudos. É fato que os táxis servem principalmente, exceto em situações emergenciais, à parcela mais rica da população, em razão do alto custo, pois é um transporte individual. Não obstante, têm recebido, no Brasil, maiores incentivos, relativamente ao transporte coletivo, mediante isenção do Imposto sobre a Propriedade de Veículos Automotores (IPVA) e do Imposto sobre Produtos Industrializados (IPI), entre outros.

Segundo relatório do Programa de Engenharia de Transportes do Instituto Coppe da Universidade Federal do

Rio de Janeiro (2011), além de oferecerem muitas oportunidades de emprego, os táxis rodam, a cada dia, cerca de dez vezes a distância usual de um automóvel privado. Rodando assim, geram muito mais poluição. Ocorre que, em algumas cidades, quase toda a frota já foi convertida para o uso de gás natural, razão pela qual, nelas, o nível de emissões da frota de táxis é bem menor do que seria caso fossem propelidos por gasolina.

Duas questões ainda merecem consideração. Primeira, a possibilidade de atuação do "táxi-lotação", que barateia o serviço, aumenta a quantidade de passageiros transportados e, portanto, reduz a emissão relativa de poluentes a cada viagem; no entanto, em muitas cidades, esse procedimento não é legal.

A segunda questão é que a difusão das novas tecnologias de informação, como sistemas de rastreamento e localização em tempo real, tem transformado o serviço, com potencial de modificá-lo ainda mais. Na Finlândia, está em teste um sistema que pode ter grande impacto nessa transformação, com resultados positivos em termos de mobilidade urbana. O Kutsuplus, como é chamado, mescla características do ônibus com as do táxi. As pessoas se registram, pagam taxa de € 3,50 e, quando necessitam, enviam pelo celular informações sobre a origem, o destino e o horário pretendido da viagem. Conforme chegam os pedidos, o sistema calcula diferentes rotas possíveis agrupando os passageiros com origem, destino e horários próximos e lhes envia mensagem para informar o local exato (inclusive um mapa que mostra como chegar a ele) onde pegar o micro-ônibus, com capacidade para até nove passageiros, e também um código a ser mostrado ao motorista.[27]

RAZÕES DA MOBILIDADE

Em Salvador, de acordo com a última pesquisa origem-destino lá realizada, em 2002, 42% das viagens eram motivadas por estudo e 39,8%, por trabalho (Santos, 2010).

Pesquisa da NTU realizada em 2006 nas cidades brasileiras com mais de 100 mil habitantes analisou as razões para os deslocamentos efetuados durante os dias úteis. O levantamento dividiu a população pesquisada em cinco classes, de A a E, em razão da propriedade de bens de consumo e da escolaridade do chefe de família, com base no chamado Critério Brasil.[28] Alguns dos principais resultados foram: 70% da população se deslocava diariamente, e 14% raramente se deslocava; na classe A, mais rica, quase 85% se deslocava diariamente, e menos de 5% o fazia raramente. Já na classe E, quase 50%

---

[27] A propósito, ver "Finlândia cria sistema…", 2013.

[28] Desenvolvido pela Associação Brasileira de Empresas de Pesquisas (ABEP), o critério é também aceito pela Associação Brasileira de Anunciantes (ABA) e utilizado pela Associação Brasileira dos Institutos de Mercado (Abipeme).

fazia deslocamentos diários, e cerca de 25% apenas raramente. Os deslocamentos por motivo de trabalho eram 52% do total, seguidos por "compras", com 14%, e "estudo", com 13%; 4% dessas movimentações eram feitas para "procurar trabalho". À medida que são analisados indivíduos com mais idade, cai a proporção de viagens motivadas por estudo, que representavam 64% daquelas encetadas por pessoas entre 15 e 19 anos. Até 39 anos, crescia a participação do motivo "trabalho". Acima de 40 anos, era crescente o motivo "tratamento de saúde" para a realização dos deslocamentos, que alcançava 33% daqueles efetuados por pessoas com mais de 60 anos.

Essa breve descrição dos motivos que levam as pessoas a se deslocarem é mais uma evidência de que melhorias nas condições de mobilidade serão maiores caso contemplem, também, alterações na disposição espacial dos locais onde se estuda, se compra, se trabalha e se cuida da saúde e remete novamente à questão da ocupação e do uso do solo.

ÔNIBUS, CAMINHÕES, MOTOS, AUTOMÓVEIS, HELICÓPTEROS E AVIÕES

De acordo com Caio Loch-Weser, vice-presidente do Deutch Bank e ex-vice-ministro das finanças da Alemanha, "no mundo, superam meio trilhão de dólares anuais os subsídios dados aos combustíveis fósseis; esta é a melhor resposta a quem acha que as energias alternativas são caras e só sobrevivem com subsídios" (Leite, 2013). Ele acha ainda que é tempo de atribuir um preço ao carbono, pois "o mundo precisa das iniciativas e das inovações das empresas, o que só se obtém numa economia de mercado. Quero que o mercado funcione, com os incentivos e os preços corretos".

Ampliando o conceito utilizado pelo ex-vice-ministro das finanças alemão, o Fundo Monetário Internacional (FMI), em livro recente (*Energy Subsidy Reform: Lessons and Implications*), considera também os impactos negativos decorrentes do uso dos combustíveis fósseis, tais como mudanças climáticas, ondas de calor, chuva ácida, etc., e, com esse cálculo ampliado, chega ao montante de US$ 2 trilhões a cada ano (Parsons, 2013)! De acordo com os analistas do FMI, esses subsídios não estão apenas danificando o meio ambiente: eles também reduzem o crescimento econômico e ampliam as desigualdades. Apesar da gravidade, a conclusão do estudo é que tais subsídios energéticos podem ser reformados de maneira a beneficiar o planeta e as pessoas. Na realidade, alguns governos já estão tentando fazer isso. Outra conclusão é que cerca de 20% das famílias mais ricas capturam 43% de todos esses subsídios, seis vezes mais do que os 20% mais pobres. Esse ponto é de grande relevância, uma vez que uma das mais frequentes justificativas para a concessão dos subsídios, apesar de equivocada, é "ajudar" ou apoiar os mais pobres.

Voltando ao ex-vice-ministro das finanças da Alemanha, ele afirma sobre os principais problemas que dificultam a sustentabilidade da economia mundial:

Há dois gargalos [...], a governança e [...] os incentivos. [...]. No caso dos bens e males públicos globais, como a mudança do clima e outros, não temos os sistemas adequados não só para debater, mas para tomar decisões e monitorar sua execução. [...] O outro problema é o dos incentivos. Precisamos de um preço para o carbono, precisamos precificar as externalidades, os efeitos colaterais das políticas na escala global, seja para água, energia ou carbono, que reflita a escassez ou os danos. Precisamos [...] de um imposto sobre as emissões ou de um sistema *"cap-and-trade"* [cotas e comercialização de permissões para emitir]. São 3 bilhões de pessoas que vão entrar na classe média nos próximos 25 anos. Temos de incluir nas políticas de mudança climática não só a redução de CO_2, mas um uso de recursos naturais vastamente mais eficiente. No futuro teremos de medir a produtividade também pelo uso eficiente de recursos, como medimos hoje a produtividade do trabalho. Trata-se de um novo paradigma, em que a qualidade será mais importante que o ritmo, a velocidade e a quantidade de crescimento. A crise financeira e econômica de 2008 nos fez andar para trás. [...] Mas [o assunto] está voltando. [...] a oportunidade é pensar, ao sair da crise, no que serão os futuros vetores e motores do crescimento e da competitividade numa economia de baixo carbono, de enxergar não só os custos da infraestrutura e da tecnologia, mas também as oportunidades. Esse é o debate [...]. A China já entendeu isso e está trabalhando em energias renováveis e novas tecnologias, também como uma oportunidade para exercer liderança tecnológica no futuro. A liderança na China é muito qualificada, são engenheiros que entendem a ciência, a tecnologia. Você está certo em dizer que a China andou na direção errada [...] por exemplo no sistema de transportes urbanos [...]. A questão agora é a demanda popular. A poluição em Pequim e outros lugares, hoje, é tão ruim que já causa distúrbios sociais, por causa dos efeitos imediatos na saúde. Eles estão agudamente cientes disso. E a legislação aprovada em junho tem grande alcance. [...] O Brasil tem uma oportunidade enorme de combinar crescimento com sustentabilidade. Em grande medida já é sustentável, quando se considera a energia hidrelétrica, o etanol. Com as políticas e os incentivos corretos, e mais capacidade institucional, o Brasil tem mais condições que outros países para fazer essa transição e até liderá-la. (Leite, 2013)

Nesse contexto, vê-se que há bastante espaço econômico, social e tecnológico para mudanças amplamente benéficas; falta ao Brasil, porém, uma reorganização das forças políticas dominantes, aí incluída profunda mudança da mentalidade prevalente, para que medidas nessa direção prosperem. Incorporar a questão ambiental no planejamento e na gestão do transporte, da ocupação do solo, das microdecisões privadas e das macrodecisões públicas, inclusive sobre a macroeconomia – como se viu, no capítulo "Onde se movem gentes e coisas", sobre a comparação entre cidades asiáticas e latino-americanas – é também fundamental. Como se verá nos capítulos seguintes, decisões desafiadoras, que forçam os limites do possível sobre o uso do solo, sobre os incentivos, sobre a própria qualidade do combustível a ser colocado à venda no mercado, assim como sobre as quantidades máximas de emissão permitidas aos veículos, têm impacto expressivo e positivo na evolução da tecnologia e na redução da poluição. Em resumo, trata-se de alterar as forças políticas dominantes, de modificar mentalidades, alinhar expectativas e incentivos e forçar ao limite do possível a evolução desejada. Tarefas deveras desafiadoras, promissoras e estimulantes, ainda que, a julgar pelo comportamento recente de muitas das atuais lideranças políticas, aparentemente inalcançáveis.

Em oposição, é ilusório acompanhar diagnósticos como o formulado pela revista *Carta Capital*: "As soluções [para as dificuldades da mobilidade urbana] existem. Bastam planejamento e ação" (Canto, 2014). Certamente, embora planejamento e ação sejam necessários, há outras carências de natureza variada – características das instituições, opções políticas, estruturas organizacionais, etc. – que precisam ser superadas. A questão é bem mais complexa do que afirma a revista, e questões complexas não admitem soluções simples.

A propósito, atribui-se a Bernard Shaw a afirmação de que todo problema complexo tem uma solução que é simples, rápida e equivocada. A "solução" dada pelo governo do Distrito Federal à questão da qualidade dos ônibus – já comentada –, permitindo na frota apenas aqueles com idade menor do que sete anos, é mais um exemplo desse tipo de equívoco.

A MOBILIDADE NO BRASIL

Apesar das estatísticas frágeis e incompletas, há dados e fatos que permitem caracterizar a situação da mobilidade brasileira como ruim e afirmar que ela se agravou nos últimos anos e que apresenta tendência a piorar. As manifestações de junho de 2013 foram apenas mais um alerta, certamente mais eloquente do que muitos outros que as antecederam. A propósito, a foto de um cartaz portado por uma manifestante que circulou amplamente pelos jornais e redes sociais sintetiza o drama da mobilidade no Brasil e ainda aponta a direção em que se deve caminhar para que melhorias surjam no horizonte. Dizia o cartaz: "País desenvolvido não é onde pobre tem carro, é onde rico usa o transporte público".

As manifestações de junho de 2013, no entanto, não foram únicas, exceto talvez pela amplitude. Lembre-se de que:

> Diante do improviso e da ineficiência, o histórico da mobilidade urbana inclui diversas manifestações populares contra altas tarifas e baixa qualidade do transporte coletivo. Nas décadas de 1950 e 1970, foram registrados diversos movimentos desse tipo e até hoje notícias sobre quebra-quebra de ônibus ou trens urbanos, por atrasos, panes ou superlotação, não são raras. Não é de espantar, portanto, que as manifestações por serviços públicos de qualidade tenham começado justamente com reivindicações por melhorias do transporte coletivo. (Senado Federal, 2013, p. 18)

Na década de 1980, os inevitáveis reajustes de tarifas no quadro inflacionário de então ocasionaram seguidas manifestações populares que só esmaeceram após a implantação do vale-transporte. Com este vale, os trabalhadores *formais* de menor renda tiveram o peso das tarifas de transporte limitado a 6% de seus salários, o restante sendo adiantado pelo empregador e pago pelos contribuintes.[1]

O Ministério do Meio Ambiente reconhece, em sua página na internet, a gravidade da situação da mobilidade:

> A questão da mobilidade urbana surge como um novo desafio às políticas ambientais e urbanas, num cenário de desenvolvimento social e econômico [que] tem implicado num aumento expressivo da motorização individual [...], bem como da frota

---

[1] Trabalho do Instituto de Pesquisa Econômica Aplicada (2013, p. 17) conclui: "[...] as políticas de auxílio ao transporte, como o vale-transporte, por exemplo, atingem pouco as classes sociais mais baixas, o que levanta questões sobre a eficácia desse tipo de medida, especificamente para os trabalhadores informais e os desempregados".

de veículos dedicados ao transporte de cargas. *Em outras palavras, o padrão de mobilidade centrado no transporte motorizado individual mostra-se insustentável, tanto no que se refere à proteção ambiental quanto no atendimento das necessidades de deslocamento que caracterizam a vida urbana.* A resposta tradicional aos problemas de congestionamento [...] estimula o uso do carro e gera novos congestionamentos, alimentando um ciclo vicioso. (Ministério do Meio Ambiente, grifo nosso)

Algumas comparações internacionais ilustram a gravidade do problema nas cidades grandes e medianas do Brasil. Um indicador é o TomTom Traffic Index, que compara os níveis de congestionamento em 160 cidades de vários continentes. Sua metodologia baseia-se em dados coletados em tempo real por GPS e verifica, em cada cidade, o tempo de trajeto em hora de pico e fora desse horário, apresentando alguns de seus resultados em percentuais que indicam quanto tempo a mais se gasta, na hora mais densa, relativamente ao mesmo trajeto "sem tráfego" (por exemplo, durante a madrugada). Após registrar que, na maioria das cidades, o percurso vespertino trabalho-casa demora mais do que o trajeto matutino casa-trabalho, diz o relatório *TomTom Americas Traffic Index* de 2013:

Rio de Janeiro e São Paulo estavam entre as dez cidades mais congestionadas do mundo e eram, respectivamente, a primeira e a segunda nas Américas em termos de seus níveis gerais de congestionamentos no segundo trimestre de 2013. [...] elas estavam entre as cinco mais congestionadas globalmente em termos de seus níveis de congestionamento nos picos noturnos. (TomTom, 2013, p. 5)

Ainda no plano das comparações internacionais, a consultoria Arthur D. Little publicou estudo comparativo da mobilidade em 66 das maiores cidades do mundo. Segundo a análise,

> os sistemas de mobilidade existentes estão perto da falência. Em 2050, a média de tempo que o habitante urbano gastará em congestionamentos será de 106 horas por ano, três vezes mais do que atualmente. Assegurar a mobilidade urbana exigirá mais e mais recursos. Em 2050, [ela] irá requerer € 829 bilhões por ano, mais de quatro vezes mais do que em 1990; usará 17,3% da biocapacidade da Terra, o que será cinco vezes mais do que em 1990. (Lerner, 2011, p. 4)

Agrupando as cidades com alguma similaridade, São Paulo foi colocada no grupo Pequim:

> Inclui tanto cidades da Ásia e da África com sistemas subdesenvolvidos de mobilidade dominados por caminhadas e veículos de três rodas como outras com níveis de renda e de propriedade de carros rapidamente crescentes, como Pequim e Xangai. Ambos os grupos precisam ser mais inovadores em suas abordagens a uma crise que se amplia, promovendo o compartilhamento e conceitos multimodais. O congestionamento é endêmico na capital chinesa [...]. Dois dos efeitos são um tempo médio casa-trabalho de 52 minutos, quase o dobro de Viena, [...] e

uma taxa de mortalidade relacionada ao trânsito de 68 por milhão [...]. Nessas circunstâncias há uma necessidade premente de restrições draconianas ao uso do carro, inclusive limitações no emplacamento, dias sem carro e banimento do uso de carros para o trajeto casa-trabalho-casa na hora do rush. (*Ibid.*, p. 7)[2]

O estudo citado usa critérios completamente diferentes do TomTom Traffic Index, comentado acima. Esse fato é positivo para lembrar que a questão da mobilidade é multidimensional, não podendo ser avaliada apenas por uma única variável, nem mesmo por um único ângulo. Igualmente, não há solução única, nem pronta; há princípios, conhecimentos, experiências que devem ser aproveitados, mas todos eles envolvem muito aprendizado para serem eficazes numa cidade qualquer.

Antes de maiores comentários sobre essa análise, a ser retomada no capítulo "Tendências da tecnologia e da organização da mobilidade", deve-se registrar que merece reparo a referência a cidades da Ásia e África "com sistemas subdesenvolvidos de mobilidade dominados por caminhadas": assim colocado, esses sistemas "dominados por caminhadas" ficam inseridos no conjunto de práticas a serem substituídas por outras mais "desenvolvidas". Esquece-se completamente de que

---

[2] Note-se que a empresa Arthur D. Little, que não pode ser acusada de radicalismo em prol do meio ambiente, sugere o "banimento" do uso do carro no trajeto casa-trabalho, enquanto em São Paulo, em janeiro de 2014, surge forte oposição à ideia de ampliar o rodízio para novos trechos de vias!

a maioria dos urbanistas e a própria União Europeia, como já exemplificado, têm buscado maneiras de ampliar, e não de reduzir, a participação das caminhadas, e das bicicletas, na movimentação urbana. Ainda que, nos países de população pobre, as eventuais ciclovias existentes não se assemelhem àquelas disponíveis na Holanda, a diretriz deve ser, em vez de denegrir o uso de bicicletas e caminhadas nesses países, examinar alternativas para expandir tais modos de locomoção e a facilidade que eles proporcionam aos que os utilizam de acessarem os destinos desejados.

Pela Pesquisa Nacional por Amostra de Domicílios (PNAD), realizada anualmente pelo IBGE, é possível verificar a deterioração da situação no Brasil, avaliada com base em um dos mais significativos indicadores da mobilidade urbana, o tempo de viagem casa-trabalho: nas últimas duas décadas, aumentou o tempo médio gasto pelos brasileiros nesse trajeto. Publicação do Instituto de Pesquisa Econômica Aplicada (Ipea) informa:

> Em São Paulo gastava-se, em média, em 2009, 42,8 minutos por dia, quase igual ao Rio de Janeiro, com 42,6 minutos. Entre as nove regiões metropolitanas pesquisadas pelo IBGE na PNAD, Belém apresentava o menor tempo médio, com 31,5 minutos.[3] […] Fazendo um corte que considera o local

---

[3] O cálculo do tempo médio de deslocamento casa-trabalho, efetuado por Pereira e Schwanen (2013) com base na PNAD, na realidade subestima esse valor. Isso por duas razões: primeiro, que a informação é coletada com base em intervalos fechados

de residência, nota-se que os moradores de municípios pertencentes às regiões metropolitanas (RMs) gastam um tempo significativamente maior nos seus deslocamentos casa/trabalho do que os moradores de municípios não metropolitanos. Além disso, percebe-se [...] que nos últimos vinte anos os tempos de viagem nas RMs tiveram um crescimento três vezes maior do que os tempos de viagem dos trabalhadores das áreas não metropolitanas, mostrando que os problemas de mobilidade se agravaram intensamente nessas áreas e que as obras de mobilidade até então não foram suficientes para melhorar as condições de deslocamento da população. (Ipea, 2013, p. 10)

Destaca-se o ritmo três vezes maior de crescimento do tempo de deslocamento casa-trabalho nas regiões metropolitanas, nos últimos vinte anos, em comparação com as áreas não metropolitanas. Esse diferencial revela que os investimentos públicos federais, concentrados que foram nas grandes metrópoles, não lograram melhorar a situação daqueles núcleos. Ainda que se possa argumentar que, sem esses investimentos, a situação seria ainda pior, também se pode argumentar que, caso os recursos tivessem sido aplicados de maneira mais bem distribuída no território nacional, a atratividade das cidades médias e menores teria sido melhorada, tanto para pessoas como para empresas, permitindo reduzir a concentração nas

---

(até 30 minutos; entre 30 e 60 minutos etc.) e um aberto (duas horas ou mais) e no cálculo da média, utilizou-se o primeiro ponto do intervalo aberto; segundo, porque, no caso de Brasília, as cidades-satélites localizadas no estado vizinho não foram consideradas.

grandes metrópoles e, dessa forma, contribuindo para, senão evitar, ao menos reduzir a continuidade do agravamento da situação nestas últimas.

Vale lembrar que cidades como Recife, Belém e Salvador também apresentaram elevadas taxas de crescimento do tempo de viagem, o que ilustra que não se trata de voltar os olhos para as capitais menores, mas para cidades entre médias e pequenas, lembrando sempre que o tamanho da cidade não se mede apenas em números absolutos, mas também por sua posição relativa na rede de cidades. É fato conhecido na literatura sobre transporte que, quanto mais se investe em vias, mais veículos as procuram, rapidamente esgotando a eventual capacidade adicional criada. O mesmo não ocorre, ou ocorre com muito menos rapidez – gerando, pois, resultados maiores ou menos fugazes para a sociedade –, quando os investimentos são mais dispersos num amplo território; nesta alternativa, fica diminuída a possibilidade de rápido esgotamento da capacidade dos novos equipamentos adicionados, e o Brasil, país continental, dela pode se aproveitar como poucos.

Outras características da evolução recente da mobilidade urbana no Brasil são:

- aumento do tempo médio no trajeto casa-trabalho em praticamente todas as grandes capitais brasileiras;
- crescimento da parcela da população que demora mais de 1 hora para chegar ao trabalho;
- aumento do custo dos congestionamentos;

MEIO AMBIENTE & MOBILIDADE URBANA

- aumento da propriedade de veículos automotores, tanto automóveis como motocicletas, e do número de suas vítimas, principalmente das motos;
- aumento das tarifas de transporte urbano em ritmo superior ao da inflação;
- aumento do preço do diesel acima do aumento do preço da gasolina;
- seguidas postergações da entrada em vigor da exigência de diesel mais limpo, ainda que exista o diesel metropolitano;
- não observação de melhora significativa na qualidade do ar; em São Paulo, tem oscilado.[4]

A mencionada publicação do Senado Federal afirma, citando estudo da Associação Nacional de Transportes Públicos (ANTP) e da São Paulo Transporte (SPTrans):

> O uso e a ocupação do solo, se estruturados por um plano de transporte, poderiam ter nos permitido viver em uma cidade mais rica, com melhor qualidade de vida e com maior atratividade de negócios. Ao mesmo tempo, uma cidade menos poluída, menos congestionada, com tarifas menores, com menos acidentes de trânsito e com menos internações hospitalares decorrentes da poluição. Ou seja, estamos pagando muito caro

---

[4] Para mais detalhes, ver http://thecityfixbrasil.com/2011/10/06/video-paulo-saldiva-fala-sobre-poluicao-do-ar-e-racismo-ambiental/. Acesso em: 8 abr. 2014.

> por não termos atendido os princípios elementares do planejamento urbano. (Senado Federal, 2013, p. 19)

Outro aspecto apontado pelo Ipea (2013, p. 12) é que "nos domicílios sem disponibilidade de veículos privados, a ocorrência de viagens pendulares com tempo de percurso superior a 1 hora é maior" relativamente aos domicílios que os possuem. Esse diferencial ajuda a explicar parte da demanda por veículos privados existente no Brasil. Sua existência, por outro lado, dá pistas sobre as maneiras como se deve buscar a construção de uma matriz de mobilidade menos perversa aos humanos e ao meio ambiente. O mesmo trabalho conclui ainda que, "os dados apontam também para *a necessidade de se criar novas políticas públicas* que venham a beneficiar os deslocamentos das pessoas com maior vulnerabilidade socioeconômica" (p. 17, grifo nosso). A ênfase reitera que há clara necessidade de mudança do tradicional paradigma de se realizarem obras para elevar a velocidade do veículo individual; para que os desafios da mobilidade possam ser enfrentados, será necessário ampliar o foco, considerar a cidade e mesmo o país como um todo, objetivando a redução da necessidade de mobilidade e o aumento da capacidade e da velocidade do transporte coletivo.

Esses princípios estão bem estabelecidos, e o desenvolvimento das tecnologias de informação e telecomunicação tem criado, a cada dia, mais alternativas para concretizá-los.

TENDÊNCIAS MALSÃS

As características do transporte coletivo no Brasil são tais, que têm levado ao surgimento e agravamento de várias tendências nem sempre incorporadas à discussão do tema. Vejam-se algumas.

Primeiro, a elevada e crescente frequência com que ônibus e trens são depredados por passageiros indignados. No caso de São Paulo, 16 ônibus foram queimados em 2009; 13 em 2010; e, nos anos seguintes, os números foram 25, 52 e 65; em parte do mês de janeiro de 2014, foram incendiados 21 veículos (Monteiro, 2014a). A maior parte das depredações é motivada por causas variadas, desde enchentes – novamente, a questão da movimentação das águas – até o desaparecimento de crianças. Todas, sem dúvida, afetam a mobilidade, e tais episódios não se limitam a São Paulo.

A elevada incidência de assaltos dentro de ônibus urbanos é outra característica da mobilidade brasileira atual, além de fator que ajuda a afastar desse modal aqueles que podem evitá-lo; nesse item, a tendência varia conforme a cidade.

Também não é usual considerar, nas análises, outra tendência da mobilidade urbana no Brasil: o crescimento do número de automóveis blindados em circulação, que merece consideração por razões tanto simbólicas quanto políticas e ecológicas.

O jornal *Folha de S.Paulo* informa que a venda desses veículos alcançaria mais um recorde em 2013, com 10 mil unidades (Nóbrega, 2013). Embora o aumento da procura por veículos blindados possa fazer crescer o PIB, certamente não é atividade que indica ganhos na qualidade de vida da população. No entanto, revela uma tendência da mobilidade na sociedade brasileira que precisa ser reconhecida e incorporada às análises. Indica, ainda, a necessidade de incorporar ao estudo e a propostas de solução do problema da mobilidade outros fatores – como a violência urbana – que caracterizam o momento atual da sociedade brasileira.

Há uma razão clara para a não explicitação desse tipo de veículo no exame da mobilidade e suas tendências: afinal, em termos de capacidade de transporte, de área viária ocupada e de obstáculo à fluidez do trânsito, não faz diferença se um dado carro é ou não blindado. Já em termos de danos ambientais, há, sim, uma diferença importante, pois o blindado, comparado ao modelo sem blindagem, consome mais combustível e mais recursos naturais para ser produzido, além de emitir mais poluentes por quilômetro rodado. Essa tendência revela uma *suposta solução individual*, senão para a fluidez, ao menos para a insegurança e para a violência, que são outras características de nossas cidades, e não apenas no trânsito.

Na dimensão política, revela que parcela da sociedade com grande influência sobre as políticas públicas em geral continua a buscar uma solução individual para um problema que é social, pois afeta a todos e exige políticas públicas integradas e abrangentes para sua solução. Ademais, traz à tona uma questão importante: se as condições de segurança nas vias públicas são tais que motivam um número crescente de pessoas a blindar seus veículos, como esperar a obtenção de apoio dessas mesmas pessoas a políticas que privilegiem o transporte coletivo? Como conseguir a adesão desse influente grupo a programas que impliquem restrição ao uso dos automóveis? Como alcançar sua migração ao transporte coletivo, de forma a tornar realidade aquela frase já famosa, exibida nas passeatas de junho de 2013, segundo a qual "país desenvolvido é onde rico anda de transporte público"? A dimensão política do problema é clara, assim como a enormidade do desafio que o Brasil enfrenta, uma vez que fica explícito, mais uma vez, que a mobilidade depende, também, da eficácia de outras políticas públicas, entre elas a de segurança.

A insegurança que leva alguns a optarem pela blindagem de seus carros particulares encontra paralelo no excesso de autoconfiança demonstrado pelos que trocam o transporte público pela arriscada motocicleta, outra tendência crescente no Brasil e que mostra, desde uma perspectiva peculiar, a má qualidade do transporte coletivo no país; a demora, o custo e o desconforto são tais, que muitos optam pela moto, talvez acreditando que acidentes ocorrem apenas com terceiros.

Outra tendência que se pode incluir nessas características, digamos, patológicas do problema da mobilidade é a de se segregarem, nos trens e metrôs, vagões exclusivos para mulheres como forma de evitar assédio e agressões sexuais dentro dos veículos.

Explicitar a questão da segregação é importante porque essa separação de grupos sociais contraria a necessidade de promover integração dos usos do solo e dos fluxos de passageiros de maneira a possibilitar maior eficiência conjunta e menor impacto ambiental. Ou seja, a tendência segregacionista que se manifesta nos processos citados é um fator adicional a corroborar as políticas vigentes e a impedir as transformações indispensáveis para se rumar em direção a uma mobilidade mais sustentável e equitativa.

Mais uma tendência com graves impactos ambientais se manifesta pelo crescente número de quebra-molas ou lombadas instalados em ruas e estradas brasileiras, grande parte dos quais construídos por moradores sem a devida autorização da respectiva autoridade de trânsito. Isso contribui para que não se saiba o número de quebra-molas existente no país. Fato que se pode caracterizar como curioso – talvez fosse melhor outro adjetivo, tal como vergonhoso – foi a reação dos integrantes da comitiva alemã da Copa do Mundo da FIFA Brasil 2014, em visita, em novembro de 2013, a Santa Cruz de Cabrália, Bahia, onde sua seleção ficará hospedada. De acordo com Alves (2013), há dezenas de quebra-molas no trajeto de 26 quilômetros entre o aeroporto de Porto Seguro e o local onde se hospedará a seleção. Um dos integrantes da comitiva teria indagado: "As *lambadas* serão retiradas?", e a troca do termo "lombada" por "lambada" teria provocado risos entre os brasileiros... mas nenhuma promessa de que os quebra-molas seriam retirados.

Esses objetos, que se tornaram necessários em razão da generalizada prática, entre os motoristas brasileiros, de desobediência às placas de sinalização em geral, inclusive as de limite de velocidade, obrigam os veículos a reduzir a velocidade e, em seguida, acelerar novamente, elevando substancialmente o consumo de combustível e, portanto, a emissão de poluentes. Martensson (2005) estima que, com cinco paradas em 10 quilômetros, o consumo de combustível aumenta em 140%. Amplamente reivindicados pela população que vive nas proximidades de trechos com alto índice de acidentes provocados por veículos em velocidade inadequada, as lombadas se incorporaram à cultura brasileira e passaram a ser consideradas "normais".

Isso, porém, significa uma perigosa inversão de procedimentos: em vez de se desenvolverem mecanismos que assegurem obediência à regra de baixa velocidade em trecho urbano e punição ao infrator, punem-se todos os motoristas, assim como a população lindeira – que prefere essa punição à continuidade dos atropelamentos – e toda a população brasileira, devido ao aumento do custo da viagem e do custo ambiental e da poluição do ar. Afinal, qual será o aumento de custo de uma viagem de, digamos, 500 quilômetros, comparando-se uma via sem nenhum quebra-molas e outra com cinquenta deles ou mais?

A degradação das ruas e rodovias em razão da instalação de quebra-molas é apenas um dos aspectos da má qualidade das vias urbanas e rurais. Não foram obtidos dados sobre a qualidade das vias urbanas brasileiras; a informação disponível se refere às rodovias e é fornecida pela Confederação Nacional do Transporte por meio da sua Pesquisa Rodoviária Nacional, realizada quase anualmente desde 1995. Em 2013, ela foi efetuada em 95 mil quilômetros das principais rodovias nacionais e estaduais; ficaram de fora as rodovias consideradas menos importantes, e não se espera que apresentem condições melhores do que as das analisadas.

Como conclusão, a CNT mostra uma ampliação do número de "pontos críticos", que passaram de 221, em 2012, para 250, em 2013.[5] Outras deficiências incluem, em relação à extensão total pesquisada: 25% não possui placas de limite de velocidade; 56% possui pintura da faixa central desgastada ou inexistente; 63% não possui faixas laterais ou a pintura está desgastada; 78% apresenta algum problema de geometria (como estreitamento da faixa de rolamento, aclives ou declives acentuados, curvas perigosas, ausência de acostamento e barreiras laterais em pontes e viadutos, etc.); e 88% é

---

[5] Pontos críticos são "situações que trazem graves riscos à segurança dos usuários, como erosões na pista, buracos grandes, quedas de barreiras ou pontes caídas". (CNT/SEST/SENAT, 2013)

composta de pistas simples de mão dupla. Com relação ao pavimento, a CNT aponta que, em 43% das rodovias pesquisadas, ele se encontra em condição regular, ruim ou péssima. Essa condição deficiente do pavimento implica maior consumo de combustível em comparação ao trânsito em rodovias – ou ruas – bem pavimentadas. Nas rodovias, e apenas para os caminhões e ônibus movidos a diesel, a CNT estima que, caso esses veículos trafegassem em pistas com condições ótimas ou boas, haveria, apenas em 2013, uma economia de combustível da ordem de 661 milhões de litros, e as emissões de CO_2 se reduziriam em 1,77 $MtCO_2$. A pesquisa informa ainda que o Plano Setorial de Transporte e de Mobilidade Urbana para Mitigação e Adaptação à Mudança do Clima (PSTM), comentado no capítulo "Perspectivas brasileiras: planos e leis", não considerou reduções de emissões decorrentes de melhoria no pavimento; caso consideradas, a queda das emissões poderia alcançar 4,17 $MtCO_2$.

Nas cidades, sem informações comparáveis, será melhor a situação?

COMO SE MOVEM OS BRASILEIROS

A ANTP (2012a) publica informações detalhadas sobre como os brasileiros se movem. A sua base de dados se refere a 438 dos 501 municípios brasileiros com mais de

60 mil habitantes em 2011; nem todos os municípios com tal população foram considerados para se assegurar comparabilidade com pesquisa anterior, de 2003. Não há dados sobre a situação nos mais de 5 mil municípios com menor população.

Residiam nas localidades consideradas, em 2011, 124 milhões de pessoas, ou 64% dos brasileiros. A renda média mensal do chefe dos domicílios era de aproximadamente R$ 1,4 mil, sendo essa medida 33% mais elevada nos municípios com mais de 1 milhão de habitantes, enquanto, nos menores, alcançava apenas 64% da média geral.

O diferencial de renda entre as menores e as maiores cidades é considerado um dos fatores de atração destas últimas, onde as condições de mobilidade são piores e causam maiores danos ao meio ambiente; desde esse ponto de vista, pois, faz todo sentido desenvolver políticas que promovam maior crescimento da renda nas cidades com 60 mil a 100 mil habitantes e, provavelmente, também nas ainda menores. Certamente, outras variáveis devem ser consideradas na formulação de uma tal política, mas é importante, ao se pensar em meio ambiente e mobilidade, considerar a conveniência dessa descentralização.

Os brasileiros das cidades analisadas fizeram, em 2011, cerca de 200 milhões de viagens por dia, ou 1,65 viagens por habitante/dia. Nas maiores cidades, a média foi de 2,51; nas menores, entre as incluídas na análise, a média cai para 0,91. Além de haver menos viagens, nessas últimas cidades, é maior a proporção de deslocamentos efetuados por meios não motorizados, isto é, a pé e por bicicleta: nada menos do que 52% dos deslocamentos. Nessas mesmas cidades, 19% dos deslocamentos são feitos por automóvel privado, e a mesma proporção se realiza em transporte coletivo. Já nas maiores, 34% dos deslocamentos são efetuados a pé ou por bicicleta, 28% por auto e 36% por coletivo. Nestas, as viagens de moto são 2% do total, enquanto este é o modo escolhido para 8% dos deslocamentos nas menores cidades. É claro, pois, que, apesar das motos, a mobilidade é mais sustentável nas menores cidades do que nas maiores, e é certo também que uma das razões para isso é a menor distância a percorrer. Também é fato que a tendência de crescimento da proporção de viagens por moto é preocupante; entretanto, sinaliza um grande potencial para políticas que busquem desenvolver o mercado de bicicletas elétricas, inclusive dando segurança para o tráfego delas.

Até aqui, temos usado as expressões "deslocamentos" e "viagens" como sinônimos. Para algumas análises, porém, é importante distinguir entre esses conceitos, como faz a ANTP. Para esta, viagem é a movimentação ponta a ponta entre origem e destino, como de casa ao trabalho, considerado o modo mais importante em termos de capacidade de transporte. Cada viagem pode conter vários deslocamentos, como os trechos percorridos a pé entre modos ou veículos. Assim conceituados, o número de deslocamentos ultrapassa as viagens em 63%, e cresce para 60% a proporção dos deslo-camentos efetuados por meio não motorizado.

Uma curiosidade, com base em uma conta extrema-mente simplificada: a estimativa da ANTP é que exista, nas cidades pesquisadas, o total de 339 mil quilômetros de vias, onde circula uma frota estimada em 33 milhões de veículos.[6] Supondo-se que cada veículo, entre os muitos automóveis e os relativamente poucos caminhões e ônibus, tenha em mé-dia 4,5 metros de comprimento, resulta que, parada, colada e enfileirada, a frota ocuparia 148 mil quilômetros, ou 43% da extensão das vias. Considerando que, andando, cada veículo ocupa área muito maior, não surpreende, pois, que a questão da mobilidade, muitas vezes focada na questão dos congestio-namentos, seja assunto sempre presente em conversas entre brasileiros, mesmo em cidades pequenas.

Os habitantes das cidades pesquisadas percorrem, a cada dia, 3,2 quilômetros quando vivem nas menores cida-des e 22,5 quilômetros se habitam as maiores. A maior par-te, 57%, dessas distâncias é percorrida em transporte coleti-vo, seguidas por auto, com 31%. Como nem todas as pes-soas se deslocam, e muitas o fazem ocasionalmente, caso se

---

[6] A estimativa da frota é fortemente influenciada pela hipótese sobre o sucateamento da mesma. O Denatran usa dados de seus registros e considera que todos lá registra-dos estão em circulação; assim, estima frota bem maior que outras fontes, como a Associação Nacional dos Fabricantes de Veículos Automotores (Anfavea) e a própria ANTP.

considerassem apenas os que se deslocam regularmente, as distâncias seriam ainda maiores.

É importante detalhar um pouco mais a distância média percorrida pelas pessoas. Nos automóveis, nas grandes cidades, as pessoas percorrem, em média, 9 quilômetros, e essa distância torna-se cada vez menor nas cidades de menor tamanho, chegando a apenas 4 quilômetros nas mais pequenas. No transporte coletivo, os percursos são sempre mais longos que no individual, em todas as categorias de cidade. Ainda que não se tenham dados sobre a distribuição das distâncias – ou seja, qual a proporção de pessoas que viajam até 5, até 10 ou até, digamos, 20 quilômetros –, convém destacar o fato de que as distâncias médias percorridas nos automóveis são compatíveis com o transporte por bicicleta, ou mesmo a pé. Como comentado noutra parte deste livro, o sol, a chuva e a temperatura são fatores redutores do conforto em viagens casa-trabalho em bicicleta ou a pé, mas é fundamental registrar que as distâncias médias são compatíveis com a ampliação da proporção de viagens efetuadas por esses meios não motorizados![7]

No Brasil dos municípios com mais de 60 mil habitantes, o número de viagens realizadas aumentou, entre 2003 e

---

[7] É evidente que a distância média inclui pessoas com deslocamentos muito maiores, o que torna difícil para um habitante da zona oeste do Rio de Janeiro, por exemplo, que se desloca por dezenas de quilômetros para chegar, digamos, ao aeroporto do Galeão, admitir que sejam tão pequenos os percursos da média dos carros.

2011, em 24%. O maior crescimento foi observado nas viagens por motocicletas, 133%, e por bicicletas, 75%. Isso, sem que estivesse em vigor uma política nacional, ampla e coerente, para incentivar o uso destas; vê-se que o potencial para trilhar esse caminho existe, e parece que a sociedade avança à frente das políticas públicas.

Uma das informações mais relevantes, em termos de mobilidade urbana, é a comparação dos tempos de viagem nos diversos modais. Com base – como sempre, nesta seção – nos dados da ANTP, o tempo médio de viagem no transporte coletivo era de 35 minutos, com pouca variação entre 2003 e 2011. Também pouco variou o tempo médio gasto nas viagens em automóveis, cerca de 15 minutos, ou por meios não motorizados, também com cerca de 15 minutos. No caso, o importante é destacar, primeiro, que as médias nacionais eliminam a enorme diferença quando se considera cada tipo de cidade; segundo, que, no transporte coletivo, a viagem demora mais do que duas vezes no transporte individual, o que representa forte incentivo ao abandono do coletivo. No entanto, a permanência de um incentivo dessa grandeza levará a situações cada vez mais graves de ocupação dos espaços públicos por veículos particulares, com aumento na demora das viagens em todos os modais.

A energia consumida no processo de movimentação da população é indicador altamente relacionado à sustentabilidade desse processo: quanto mais energia é consumida, maior é a chance de que o processo não seja sustentável, pois grande parte dela não é renovável. No transporte urbano brasileiro, entre 2003 e 2011, o volume consumido pelo transporte individual cresceu de 7,8 para 10 milhões de toneladas equivalentes de petróleo (tep); no transporte coletivo – que, como já se viu, transporta um número muito superior de pessoas –, a energia gasta passou de 2,6 para 3 milhões de tep.

Como decorrência desse consumo de energia, a emissão de poluentes também é muito maior por parte do transporte individual do que do coletivo, fato já analisado anteriormente.

Há, ainda, entre as informações apresentadas pela ANTP, dados sobre a distribuição do custo do transporte entre usuários e poder público, tanto para o transporte coletivo quanto para o individual. De acordo com os dados, em 2011, os usuários de transporte coletivo pagaram o total de R$ 29,7 bilhões para utilizá-lo, enquanto o poder público teria arcado, em termos de manutenção do sistema viário usado por esse transporte, o montante de R$ 900 milhões ou 3,03% dos dispêndios dos usuários. Já os usuários do transporte individual teriam arcado com custos de R$ 123,3 bilhões, ao passo que o poder público teria investido mais R$ 12,6 bilhões na manutenção do sistema viário usado individualmente. Esses números revelam a extensão da prioridade dada, pelos poderes públicos, ao transporte individual, por mais que muitos dirigentes façam discursos em defesa do transporte público de qualidade.

A PERCEPÇÃO DA MOBILIDADE
NO BRASIL ATUAL

O Ipea (2011), em estudo sobre o Sistema de Indicadores de Percepção Social (Sips), mostra a avaliação da população com relação à situação de mobilidade no Brasil. De acordo com a análise, ao passo que, na média nacional, 44% da população utiliza o transporte público – basicamente ônibus –, essa proporção alcança 51% no Sudeste e apenas 37,5% no Nordeste. No Sul, somente 2% dos deslocamentos são feitos por bicicleta, enquanto no Norte a cifra chega a 18%, superior ao que se verifica em Berlim e próximo da média holandesa! No Nordeste, 19% dos deslocamentos são feitos a pé, sendo a média nacional 12,3%. O automóvel é usado por 24%, na média nacional, e essa proporção varia entre o máximo de 37%, no Centro-Oeste, e o mínimo de 13%, no Nordeste.

Outra característica identificada na mesma pesquisa é a seguinte: entre a população com apenas quatro anos de escolaridade, 50% usa o transporte público, apenas 14% o carro, e 17% anda a pé ou de bicicleta; 21% usa moto. Já no outro extremo, isto é, entre aqueles cuja escolaridade inclui o nível superior, ainda que incompleto, ninguém usa bicicleta e 12% anda a pé. Apenas 29% usa o transporte público, e 52% se locomove de carro. Indagada, a população de todas as regiões respondeu, numa proporção que variou entre 19%, no Sudeste, e 56%, no Norte, não existir integração entre os meios de transporte em sua cidade. Quando existe, a principal forma é ônibus-ônibus; a integração ônibus-metrô é usada por apenas 9% da população da região Sudeste e, na média do país, somente 5% utiliza esse tipo de integração.

Sobre atrasos, a proporção da população que respondeu que eles sempre ocorrem, ou que ocorrem na maioria das vezes, alcançou valores acima de 75% no Sudeste e no Nordeste; a média brasileira foi de 70%.

Assim, uma conclusão essencial a se tirar do conjunto da literatura sobre o tema é que é necessário mudar profundamente a abordagem oficial e dominante: embora seja urgente que novos – e melhores –[8] investimentos em transporte público sejam feitos, isso já não basta; é premente adotar novas medidas, pensar novos caminhos e objetivos. Importante considerar, também, lembrando a persistente ilegalidade da proliferação dos moto-táxis, a necessidade de leis que sejam, de fato, obedecidas.

Ainda sobre a questão da informalidade imperante, recorre-se novamente ao Senado Federal, que afirma sobre o transporte coletivo:

---

[8] Não basta investir mais; é necessário investir melhor. Exemplificando: boa parte dos investimentos realizados nas doze cidades-sede da Copa do Mundo da FIFA Brasil 2014 relaciona-se a melhorias de trajetos para aeroportos e para estádios, enquanto a maioria da população não usa, em seu cotidiano, nem um nem outro.

O setor é marcado por denúncias de irregularidades, tráfico de influência e corrupção na assinatura dos contratos entre as prefeituras e as empresas. São Paulo cancelou licitação marcada para este ano (a última ocorreu em 2003) para aguardar o resultado de uma comissão parlamentar de inquérito na câmara municipal. [...] muitas das concessionárias de transporte, mesmo inscritas na dívida pública da União por débitos milionários em tributos e contribuições não recolhidos, continuam firmando contratos com o poder público. O levantamento revelou pelo menos 49 empresas e 17 empresários nessa situação, com dívida global de R$ 2,8 bilhões. (Senado Federal, 2013, p. 28)

BRASIL: EMISSÕES VEICULARES E POLÍTICAS PARA SUA REDUÇÃO

No Brasil, a principal política para a redução da poluição veicular tem sido a definição de limites máximos de emissão para veículos novos. Adotada em 1986 com a implantação do Proconve, que se referia aos veículos movidos a gasolina e a diesel, foi ampliada para incluir, a partir de 2002, também as motocicletas, com um programa análogo, denominado Promot.[9] Ambos foram inspirados em programas adotados noutros países, como o Clean Air Act, dos Estados Unidos,

---

[9] Por causa das semelhanças entre eles, utiliza-se, neste trabalho, a menos que explicitamente indicado de outra forma, o termo Proconve para se referir a ambos os

MEIO AMBIENTE & MOBILIDADE URBANA

de 1970, e o European Standard of Vechicle Emissions, da União Europeia.

Quando do início desses programas, era impossível imaginar que se alcançariam, mesmo após cerca de um quarto de século, os atuais níveis de emissão: à época, não existiam ou eram raros os avanços tecnológicos que ajudaram a alcançar os resultados hoje observados – entre eles, a injeção eletrônica e os catalisadores, que reduzem a quantidade de poluentes emitidos. Essas "novidades tecnológicas" decorreram da própria implantação desses programas, principalmente noutros países, e foram posteriormente importadas pelas empresas instaladas no Brasil, que também contribuíram para o desenvolvimento tecnológico voltado ao objetivo de redução de emissões.

Ambos os programas brasileiros operam com a mesma lógica, que também é parecida com a de outros programas estrangeiros: o órgão competente – no caso do Brasil, o Conselho Nacional do Meio Ambiente (Conama) – define a quantidade máxima de determinados poluentes que veículos novos podem emitir e torna esses limites progressivamente mais rígidos com o passar dos anos, nas diversas fases dos programas. Cabe à indústria escolher a tecnologia a ser utilizada para atender às exigências.

---

programas. Veículos do ciclo Otto são aqueles movidos a gasolina, gás ou álcool, os demais são do ciclo diesel.

Comparada ao momento anterior aos programas, a emissão de um dos poluentes controlados, o material particulado, já foi reduzida em até 97%, e a de óxidos nitrosos, em 78% (Depetris, 2011)! Em 1986, antes do seu início, a emissão média de CO por veículo novo era de 54 gramas por quilômetro; em 2013, ela havia sido reduzida para 0,3 grama por quilômetro (Ibama, s/d.). Trata-se, sem dúvida, de um grande feito, com benefícios inestimáveis para os habitantes das cidades. Outra providência importante foi a eliminação do componente chumbo na gasolina. Não obstante essas vitórias, a maioria dos analistas acredita que o crescimento da frota praticamente anula os êxitos. Pode-se afirmar com certeza, no entanto, que, sem o Proconve, a situação estaria bem pior. Como se viu, o Rio de Janeiro ostenta a 144ª posição entre as cidades mais poluídas do planeta.

São os seguintes os poluentes considerados nos programas: o monóxido de carbono (CO), os hidrocarbonetos (HC), os hidrocarbonetos não metano (NMHC), os óxidos de nitrogênio (NO_x), o material particulado, os aldeídos (CHO) e a amônia (NH_3). Avaliam-se também a chamada emissão evaporativa e a emissão de gás no cárter com limites específicos para cada tipo de motor.

Efeitos da poluição do ar[10]

Nas áreas metropolitanas, o problema da poluição do ar tem-se constituído numa das mais graves ameaças à qualidade de vida de seus habitantes. Os veículos automotores são os principais causadores dessa poluição em todo mundo. As emissões causadas por veículos carregam diversas substâncias tóxicas que, em contato com o sistema respiratório, podem produzir vários efeitos negativos sobre a saúde.

O Brasil, como todo país em desenvolvimento, apresenta um crescimento explosivo de suas regiões metropolitanas.

O monóxido de carbono (CO) é uma substância inodora, insípida e incolor. Atua no sangue, reduzindo sua oxigenação.

Os óxidos de nitrogênio (NO_x) são uma combinação de nitrogênio e oxigênio que se formam em razão da alta temperatura na câmara de combustão. Participam na formação de dióxido de nitrogênio e na formação do *smog* fotoquímico.

Os hidrocarbonetos (HC) são combustíveis não queimados ou parcialmente queimados que são expelidos pelo motor. Alguns tipos de hidrocarbonetos reagem na atmosfera, promovendo a formação do *smog* fotoquímico.

A fuligem (partículas sólidas e líquidas), sob a denominação geral de material particulado, devido ao seu pequeno tamanho, mantém-se suspensa na atmosfera e pode penetrar nas defesas do organismo, atingir os alvéolos pulmonares e ocasionar: mal-estar; irritação dos olhos, da garganta, da pele, dor de cabeça, enjoo, bronquite, asma e câncer de pulmão.

Outro fator a ser considerado é que essas emissões causam grande incômodo aos pedestres próximos às vias de tráfego. No caso da fuligem (fumaça preta), a coloração intensa e o profundo mau cheiro causam de imediato uma atitude de repulsa e podem ainda ocasionar diminuição da segurança e aumento de acidentes de trânsito pela redução da visibilidade.

---

[10] Ver *site* da Cetesb, disponível em: www.cetesb.sp.gov.br. Acesso em: 11 abr. 2014.

O dióxido de carbono, importante gás de efeito estufa, mas que não é venenoso, não está incluído entre os gases limitados pelo Proconve. A razão é que, por não causar mal à saúde *diretamente*, não se enquadra na definição de poluição dada pela Lei nº 6.938, de 31 de agosto de 1981, que definiu a Política Nacional do Meio Ambiente.

Com relação às emissões veiculares, uma distinção importante a se fazer é entre os poluentes locais e os globais. Estes são gases que se incorporam à atmosfera e afetam todo o planeta; entre eles, um dos mais importantes é exatamente o CO_2. Os poluentes locais incluem aqueles que afetam primordialmente a região em torno da qual o transporte é realizado, como a poluição sonora e o material particulado[11] emitido; embora ditos locais, eles podem ser transportados pelas correntes de vento e contribuir para ocasionar as chuvas ácidas em outras regiões.

Antes de comentar os impactos do Proconve sobre as emissões, é importante registrar mais uma vez que as fontes de informações estatísticas são deficientes, o que obriga a se trabalhar com hipóteses simplificadoras, que resultam em estimativas nem sempre de alta confiabilidade.

---

[11] O termo material particulado é usado para designar uma ampla gama de substâncias minúsculas, sólidas ou líquidas, suspensas no ar. O tamanho das partículas tem sido associado ao mal que podem causar à saúde, pois as menores ultrapassam as defesas do nariz e da garganta e penetram nos pulmões. O número que por vezes segue a expressão PM se refere ao diâmetro aerodinâmico das partículas expresso em unidades de mícron, ou um milionésimo de metro (EPA, 2011).

Buscando reduzir as incertezas e cumprir, um quarto de século após a sua publicação, a determinação do item 2.6 da Resolução nº 5 do Conama (Conselho Nacional do Meio Ambiente), de 15 de junho de 1989, e após intenso esforço em conjunto com outros órgãos públicos e privados, o Ministério do Meio Ambiente publicou, em 2011, o *1º Inventário Nacional de Emissões Atmosféricas por Veículos Automotores Rodoviários*. Nele, pode-se ler que "as recomendações aqui elencadas dizem respeito à busca por dados cada vez mais confiáveis sobre a frota de veículos, sua intensidade de uso" (Ministério do Meio Ambiente, 2011, p. 70), etc.

Com essas ressalvas, outras conclusões são:

- acentuada queda nas emissões de CO a partir de 1991, passando de cerca de 5,6 milhões de toneladas naquele ano para 1,5 milhão de toneladas em 2009, [fato citado] como caso de sucesso dos programas Proconve e Promot. [...] no entanto reduções adicionais nas emissões de CO não deverão ocorrer ao longo do período de 2010 a 2020. [...] os automóveis, comerciais leves e motocicletas foram responsáveis por aproximadamente 90% das emissões, destacando-se os automóveis, com 48%. A grande participação do transporte individual de passageiros (automóveis e motocicletas) nas emissões de CO deverá predominar pelo menos até 2020, quando sua participação continuará acima dos 70%;

- quanto às motocicletas, após o pico de emissão observado em 2003, verificou-se um declínio [intensificado] na terceira fase;

- houve um crescimento bastante significativo das emissões de óxidos de nitrogênio (NO_x) entre 1985 e 1998, atingindo um pico de 1,2 milhão de toneladas no fim dos anos 1990, devido ao crescimento da frota de veículos do ciclo diesel anteriores à entrada do Proconve. A partir de 2000 observa-se uma importante redução na curva de emissões, tendência que será mantida até 2020. [...] Quanto aos ônibus urbanos, a participação passará de 23% em 2009 para 19% em 2020 [...];

- [com relação ao material particulado, cuja fonte principal são os veículos pesados a diesel,] houve uma curva crescente que persistiu até 1997, ano em que foram lançadas 69 mil toneladas do poluente. [Em 2009, as emissões] corresponderam a menos da metade do observado em 1997 (45% oriundas de caminhões pesados e 20% de ônibus urbanos);

- as emissões de aldeídos, que se originam principalmente de veículos do ciclo Otto movidos a etanol, cresceram na década de 1980, quando alcançaram cerca de 18.000 toneladas anuais, e caíram a partir de 1990 para patamar da ordem de 7.000 toneladas por ano. Apresentam tendência de crescimento a partir de 2009, com a expansão da frota de veículos que podem ser abastecidos com diferentes combinações de etanol e gasolina. (Ministério do Meio Ambiente, 2001, p. 70)

Esse conjunto de informações revela o sucesso da política, ainda que comprometido pelo crescimento acelerado da frota.

Para o conjunto de poluentes no estado de São Paulo, relatório da Cetesb afirma que

> ainda que os fatores de emissão dos veículos novos estejam decrescendo, o aumento da frota de veículos e os congestionamentos das vias comprometem os avanços tecnológicos. Além disso, a parcela com tecnologia defasada ainda é significativa.[12] Os gráficos de evolução entre 2009 e 2012 mostram, de modo geral, a manutenção das emissões totais ao longo desse período. A emissão de gases de efeito estufa continua crescendo. (Cetesb, 2013, p. VIII)

EMISSÕES POR PASSAGEIROS TRANSPORTADOS E OPORTUNIDADES PERDIDAS

É fundamental analisar as emissões relativamente à quantidade de passageiros transportados por cada modal.

No planeta, o setor de transporte é responsável por cerca de 23% das emissões globais de CO_2. No Brasil, a importância relativa do setor é bem menor, apenas 9%, uma vez que

---

[12] Em 2012, a Cetesb estimou a frota circulante no estado em 14,3 milhões de veículos, dos quais 9,4 milhões eram automóveis, 1,7 milhão eram comerciais leves, 600 mil eram ônibus e caminhões e 2,6 milhões eram motocicletas. Estimou também 4,4 milhões de veículos com mais de dez anos de uso.

o desmatamento e a mudança do uso do solo respondem por mais de 70% das emissões totais desse gás.

> Considerando apenas o transporte rodoviário no Brasil, os sistemas de ônibus, que respondem por mais de 60% dos deslocamentos urbanos e mais de 95% dos deslocamentos intermunicipais,[13] são responsáveis por apenas 7% das emissões totais de CO_2. Os automóveis e comerciais leves, com menos de 30% de participação no total de viagens realizadas, contribuem com metade [dessas] emissões. Esses dados mostram que o sucesso das políticas ambientais voltadas para o transporte tem que passar necessariamente por medidas que fomentem a substituição do transporte individual pelo coletivo. (Carvalho, 2011, pp. 9-10)

Carvalho (2011) ainda estima as emissões relativas dos diversos meios de transporte. O conceito de emissão relativa diz respeito à quantidade de poluentes emitida por passageiro – ou tonelada de carga – transportado por quilômetro. Embora, em percursos iguais, um ônibus emita mais do que um automóvel particular, este, por passageiro por quilômetro, despeja quantidade maior de poluentes na atmosfera. Quando se considera o número médio de passageiros transportados no coletivo, que é bem superior ao do automóvel, as emissões líquidas deste superam as daquele. O número médio de passageiros é quase sempre resultado de estimativa com

---

[13] Mesmo com todo o crescimento recente do número de passageiros em aviões, os ônibus ainda transportam a maioria dos brasileiros em viagens interurbanas.

grau variável de precisão.[14] Ainda assim, conhecer a emissão relativa dos diversos modais é básico para a formulação de políticas públicas ambientais e urbanas, inclusive de gestão do transporte e do trânsito.

A partir da distribuição modal do transporte urbano de passageiros no Brasil, Carvalho (2011) constata, entre outros pontos, que:

- no Brasil, os metrôs emitem muito menos que nos países mais desenvolvidos, em razão da maior contribuição da energia hidráulica à nossa matriz elétrica;
- o amplo uso do álcool como combustível de automóveis e utilitários leves confere às emissões do setor de transporte brasileiro características específicas;[15]
- tomando-se como referência as emissões por passageiro por quilômetro geradas pelo metrô, o ônibus a diesel emitiria 4,6 vezes mais, a motocicleta, 20,3 vezes mais, e o automóvel, 36,1 vezes mais.

---

[14] A NTU estimou, para 2008, valores entre 425 e 623 passageiros por veículo/dia, conforme o tamanho da cidade, e a média nacional em 467 (NTU, 2008).

[15] Há grande divergência entre autores com relação ao balanço energético do álcool, isto é, a razão entre a energia total contida no biocombustível e a energia fóssil investida em sua produção. Alguns apontam uma relação de 8 ou 9 para 1, enquanto outros chegam a números bem mais modestos, como 1,1 para 1. Entre os motivos da divergência, está a consideração ou não de avanços tecnológicos. Ver Soares *et al.* (2009).

Outra questão importante é que, não obstante o sucesso do Proconve, há razões para crer que os resultados poderiam ter sido ainda melhores. Primeiro, porque as emissões de dióxido de carbono poderiam já ter sido legalmente incluídas, há anos, entre os poluentes controlados; segundo, pelas oportunidades de desenvolvimento tecnológico perdidas, o que será explorado mais adiante.

As emissões brasileiras de CO_2 de fonte veicular cresceram no período analisado pelo inventário: em 1980, eram da ordem de 60 milhões de toneladas anuais e, em 2009, chegaram a quase 170 milhões de toneladas.[16] Desse total, 38% tiveram origem em automóveis, praticamente a mesma quantidade foi emitida pelos caminhões e 14% saíram dos ônibus urbanos. Para 2020, o inventário projeta crescimento de 60% nas emissões totais, sem alteração nas participações relativas.

A não inclusão do CO_2 entre os gases controlados coloca, atualmente, um problema que talvez não fosse tão claramente perceptível em 1986, quando do lançamento do programa: como esse gás é uma das principais substâncias causadoras das mudanças climáticas, a cada dia, mais e mais países e instituições se voltam para encontrar maneiras de reduzir suas emissões dessa substância. Diversos países, como os Estados Unidos e os da União Europeia, além de Japão,

---

[16] Para efeito de comparação, vale lembrar que a produção brasileira de grãos estimada para 2014 prevê um volume recorde de cerca de 196 milhões de toneladas (Conab, 2013).

Coreia do Sul, México e Chile, entre outros, já estabeleceram ou estão desenvolvendo regulamentação específica para limitar as emissões de CO_2 pelos veículos novos.

A União Europeia definiu, já em 1995, uma estratégia para a redução das emissões de CO_2 por automóveis, baseada em três pilares: compromissos voluntários pela indústria para cortar as emissões, melhoria da informação ao consumidor e incentivos a veículos menos poluentes por meio de medidas fiscais. Em abril de 2009, através da European Regulation nº 443, definiu limites compulsórios, considerados para a média da frota de cada fabricante – de forma a manter a diversidade do mercado – de 130 gramas de CO_2 por quilômetro a partir do primeiro dia de 2012 e de 95 gramas de CO_2 por quilômetro a partir de 2020, mesma meta dos Estados Unidos (Álvares Junior, 2012). A União Europeia ainda calibrou a determinação de forma a

> criar incentivos para que a indústria automobilística invista em novas tecnologias, com a promoção de ecoinovações e o desenvolvimento de tecnologias inovadoras de propulsão. […] Dessa forma, promove-se a competitividade a longo prazo da indústria europeia e criam-se mais empregos de alta qualidade. (União Europeia, 2009, p. 5)

Enquanto isso, o Brasil continua sem metas nem política para essas emissões. É frequente a justificativa da lentidão do governo brasileiro em adotar medidas voltadas para a limitação e redução da emissão de poluentes baseada no argumento de que a introdução de novas exigências implica equipar os veículos com novas tecnologias, elevando seu preço, prejudicando o combate à inflação e ocasionando desemprego na indústria produtora.[17]

A European Regulation nº 443 reconhece o problema mas não o aceita como fator de paralisia. No item 14 dos seus "considerandos", menciona que

> em reconhecimento dos elevados custos de pesquisa e desenvolvimento e dos custos unitários de produção das primeiras gerações de carros com tecnologia de muito baixa emissão de carbono, esta Regra busca acelerar e facilitar, de maneira provisória, o processo de introdução na Comunidade de veículos de ultrabaixo carbono em seus estágios iniciais de comercialização. (União Europeia, 2009, p. 5)

Entre os mecanismos adotados para facilitar a entrada no mercado das inovações necessárias, estão: não considerar cada veículo individualmente, mas a média da frota produzida por fabricante; mecanismos e critérios específicos para analisar a frota dos pequenos fabricantes, de forma a não prejudicá-los relativamente aos grandes; o cálculo da média,

---

[17] Ao final de 2013, ocorreu um revelador debate no Brasil, provocado pelo ministro da Fazenda. Ele propunha adiar a entrada em vigor da exigência de instalação, em 100% dos veículos fabricados no país após 1º de janeiro de 2014, de *air-bags* e freios ABS. Embora esses sejam equipamentos de segurança, com pouco ou nenhum impacto sobre as emissões, os motivos alegados foram os mesmos.

MEIO AMBIENTE & MOBILIDADE URBANA

nos momentos iniciais, levando em conta não o total, mas apenas 65% da produção em 2012; 75% em 2013; até alcançar 100% em 2015. Como fica claro, a regulamentação ambiental passou a ser usada como fator de promoção do desenvolvimento tecnológico na Europa, mas não no Brasil.

Por outro lado, há que se considerarem não só os custos da implantação, mas também seus benefícios.

Assim, por exemplo, a Agência de Proteção Ambiental (EPA) dos Estados Unidos já efetuou diversos estudos sobre os custos e benefícios, para os cidadãos daquele país, das exigências decorrentes do Clean Air Act de 1970, instrumento legal que deu poderes à EPA para introduzir as normas necessárias para limpar o ar do país, algumas das quais vieram a inspirar o Proconve. Os resultados:

> Hoje, como no passado, o Clean Air Act continua a cortar a poluição e a proteger a saúde das famílias [norte-]americanas e dos trabalhadores. Menos doenças e mortes prematuras significam que os [norte-]americanos vivem vidas mais longas, com melhor qualidade, menores despesas médicas, menos faltas às escolas e melhor produtividade dos trabalhadores.[18] Estudos

---

[18] Para uma breve comparação, o Laboratório de Poluição Atmosférica Experimental, da Faculdade de Medicina da Universidade de São Paulo (ABCR, s/d.), estimou em cerca de 4.000 as mortes anuais decorrentes da poluição, apenas na Região Metropolitana de São Paulo, e o custo anual do tratamento das doenças associadas, em R$ 1,5 bilhão. A própria prefeitura de São Paulo afirma, em seu *site*, que "segundo pesquisas do (mesmo laboratório) estima-se que 10% das mortes de idosos, 7% da mortandade infantil e 15 a 20% das internações de crianças por doenças respiratórias estejam relacionadas com as variações da poluição atmosférica. Em dias de grande contaminação

revisados por pares mostram que a Lei tem sido um bom investimento econômico para a América [do Norte]. Desde 1970, ar mais limpo e uma economia em crescimento têm caminhado em paralelo. A Lei criou oportunidades de mercado que ajudaram a inspirar inovações em tecnologias mais limpas – tecnologias nas quais os EUA têm se tornado um líder global dos mercados. (EPA, 2013)

Outra publicação da mesma EPA (2011) quantifica resultados com as seguintes conclusões:

- os custos de obediência às exigências crescem entre 1990 e 2020 e alcançam, ao final, a cifra de US$ 65 bilhões anuais;
- embora caros, esses esforços geram benefícios (como os listados na citação anterior) estimados em quase US$ 2 trilhões em 2020;
- mesmo se adotada a hipótese extrema de que a poluição do ar não tem qualquer efeito sobre mortes prematuras, os benefícios da redução de efeitos não letais sobre a saúde equivalem a mais de duas vezes os custos com o cumprimento das exigências.

O estudo mencionado analisa os custos e benefícios de uma legislação que se aplica a diversos setores de atividade.

---

do ar o risco de morte por doenças do pulmão e do coração aumenta em até 12%. Habitantes de São Paulo vivem em média um ano e meio a menos do que pessoas que moram em cidades de ar mais limpo (Prefeitura de São Paulo, 2013).

Considerado apenas o setor de transporte, este arca com US$ 28 bilhões, sendo 40% desse montante para atender às exigências de melhoria dos combustíveis e o restante para atender às normas relativas aos escapamentos dos veículos e com programas de inspeção e manutenção veicular.

No Brasil, o Código de Trânsito Brasileiro, de 1997, determinou a realização de inspeção veicular, em seu artigo 104, com vistas apenas às questões de manutenção e segurança veicular. No entanto, até o presente momento, essa determinação legal não foi regulamentada e, portanto, não produziu os efeitos pretendidos, exceto em São Paulo e Rio de Janeiro, dois municípios que adotaram normas próprias, voltadas para a questão ambiental. Dessa forma, parte dos custos atribuídos ao setor não existiriam no Brasil. Provavelmente, parte dos benefícios também não, uma vez que a inspeção veicular é componente importante dos programas de redução da poluição do ar: sem ela, tende a não ocorrer ou a ser menos efetiva a necessária manutenção para que os veículos, após anos de uso, ainda conservem os padrões de fábrica.

Não obstante essas ressalvas referentes à proporção entre custos e benefícios no Brasil, não se pode deixar de considerar que, com a postergação da introdução de normas cada vez mais exigentes e amplamente adotadas noutros países, o Brasil: a) deixa de induzir pesquisa e desenvolvimento de tecnologias numa área de conhecimento que tenderá a ser cada vez mais demandada num planeta em aquecimento; b) incorre em gastos de outra forma evitáveis com a saúde pública; c) permite a redução da vida média da sua população; d) reduz a atratividade de suas cidades para negócios e para visitantes do exterior; e) cria menos empregos de alta qualidade; e ainda f) permite a continuidade da baixa produtividade de seus trabalhadores. Isso, para citar apenas algumas das implicações dessa prática de, em nome de "fazer crescer o PIB", postergar exigências cuja implantação traria claros benefícios à saúde pública e mesmo, numa visão mais ampla, à própria economia.

Além da questão da inspeção veicular, há outro aspecto que ilustra a baixa velocidade em que o Brasil se ajusta e se prepara para os tempos modernos e para os mais prováveis cenários futuros: a qualidade do combustível aqui comercializado.

As condições peculiares do Brasil em termos de clima e de território possibilitaram a utilização do álcool como combustível para o abastecimento de automóveis e veículos comerciais leves. Esse combustível apresenta, em termos de emissão de CO_2, vantagens significativas relativamente à gasolina, a ponto de se considerar que, em razão do seu uso, o Brasil possui um perfil "limpo" de emissões. Estudo da Embrapa (2009) chegou à conclusão de que o etanol, considerando-se inclusive a etapa agrícola, emite 73% menos CO_2 do que a gasolina.

No entanto, há também a questão do diesel. Este combustível, como se viu, tem grande responsabilidade pelas emissões do setor de transporte brasileiro. A sua queima gera, entre outros, a popularmente conhecida "fuligem", tecnicamente chamada de material particulado, para cuja emissão em muito contribui o teor de enxofre contido no óleo diesel. Essa é a razão pela qual diversos países adotaram, por um lado, programas de desenvolvimento tecnológico visando à criação de variedades de diesel com baixo teor de enxofre e, por outro, políticas públicas com vistas a acelerar a introdução dessas novas variedades no mercado.

Como resultado, nos países que assim procederam, o diesel de baixo teor de enxofre – vale dizer, com uma proporção de 10 ou menos litros de enxofre por milhão de litros de diesel, razão entre um e outro que é conhecida na literatura como partes por milhão (ppm) – é comercializado há anos. No Brasil, as discussões sobre o tema são antigas e desde 1997 chegaram a ser objeto de resoluções do Conama. No entanto, foi apenas em 18 de dezembro de 2013 que a Agência Nacional do Petróleo, Gás Natural e Biocombustíveis (ANP) editou uma portaria que determinou a interrupção da comercialização do diesel S-1800 (isto é, com 1.800 ppm, ou cento e oitenta vezes mais "sujo" do que o chamado S-10) a partir de 31 de dezembro de 2013. Após essa data, passaram a ser vendidos no Brasil tanto o diesel S-500 (em todo o território nacional) quanto o S-10, que deverá ser encontrado em 12.400 postos de abastecimento de combustíveis entre os 39.450 postos existentes no país em 31 de dezembro de 2012.

Embora, como registrado, as discussões sobre a introdução do diesel mais limpo fossem antigas, a portaria citada foi editada apenas doze dias antes da proibição dos combustíveis com maior proporção de enxofre, período claramente insuficiente para ajustes de estoques, equipamentos e procedimentos, para não falar em desenvolvimento de tecnologia para produzir tal variedade do combustível.[19] Provavelmente, mecanismos informais de comunicação – aos quais o acesso é sempre diferenciado – alertaram previamente as empresas com acesso privilegiado à informação e permitiram que elas se ajustassem. De qualquer maneira, a incerteza sobre a publicação ou não da portaria persistiu até doze dias antes da vigência. É quase impossível estimar os custos sociais e econômicos, em termos de redução da eficiência dos mecanismos de mercado, dessa maneira peculiar de se chegar a importantes decisões; muito provavelmente, tais custos serão superiores aos custos do desenvolvimento de tecnologias em ambiente de maior previsibilidade, como é o caso da política da União Europeia para a redução da emissão de CO_2 pelos veículos lá registrados.

Em síntese, o processo político para se chegar à decisão, no Brasil, e não apenas no presente caso, tem imposto à sociedade custos ou travas que a impedem de alcançar patamares

---

[19] Em razão do atraso com que agiu o governante, e também porque o S-10 já existia havia anos noutros países, no caso já não era mais necessário desenvolver tecnologia. Não obstante, o argumento vale para inúmeros outros casos.

mais elevados de produtividade e qualidade de vida para seus membros. Outro "custo" expressivo decorre do fato de que os governantes brasileiros há tempos deixaram de exercer uma das principais funções de governo: liderar, apontar objetivos, mostrar caminhos e construir pontes – figurativamente falando – para alcançá-los.

Nesse sentido, vale lembrar outro argumento por vezes utilizado para evitar a adoção de padrões mais exigentes e desafiadores com relação à redução das várias formas de poluição. Diz-se que exigências adicionais mais rígidas e desafiadoras encarecem os veículos e os tornam caros demais para o mercado brasileiro, em especial para os mais pobres, que, ao serem impedidos de adquirir os veículos em razão desses aumentos de preço, seriam os que afinal estariam pagando os custos da melhoria ambiental. Seria necessário e "justo", portanto, evitar tal ônus.

A (falta de) lógica do argumento é inacreditável, pois, segundo ele, para não permitir que os "pobres" sofram por pagar mais caro por veículos menos poluentes, permite-se que penem e adoeçam às margens das vias ao respirarem o ar poluído enquanto esperam o ônibus, "que está sempre ou quase sempre atrasado"; para evitar que sejam perdidos empregos nas montadoras, evita-se a criação de melhores oportunidades de trabalho no desenvolvimento de novas tecnologias; para assegurar a arrecadação proveniente da atual indústria da mobilidade, amplia-se o gasto na saúde e permite-se a degradação tanto da saúde quanto da mobilidade. Em síntese, trata-se de mais uma aplicação da lógica do quebra-molas: para não punir o indivíduo que cria problemas, pune-se toda a sociedade!

Assim, é inevitável a pergunta: até quando essa lógica persistirá? Como acelerar a transformação e a substituição das instituições que dão origem a ela para que induzam comportamentos menos "cordiais" ou "tolerantes" com o criador dos problemas, para que a sociedade se torne mais "cordial" para com o conjunto de seus membros, ou que passem a dar a essa perspectiva maior prioridade?

Para que a mobilidade coletiva, vista não necessariamente como mais movimento, mas como maior acessibilidade, assuma prioridade sobre a individual, é essencial efetuar essa transformação das instituições.

TENDÊNCIAS DA TECNOLOGIA E DA ORGANIZAÇÃO DA MOBILIDADE

São muitas as análises disponíveis sobre o futuro das cidades. Quando consideradas aquelas dos chamados países em desenvolvimento, ou emergentes, as imagens não são muito favoráveis em razão das carências hoje verificadas e da dificuldade em superá-las em razão da perspectiva de crescimento populacional nas próximas décadas. As brasileiras se encontram entre estas. No Brasil, as regiões metropolitanas e as grandes cidades também crescem mais rapidamente do que a população total.

Entre as análises sobre o futuro das cidades, retoma-se aqui aquela, relativamente otimista, desenvolvida pela empresa de consultoria financeira e econômica Arthur D. Little.[1]

---

[1] Ver Lerner *et al*. (2011).

Analisando a questão da mobilidade nas 66 maiores megalópoles do planeta, os autores qualificam a situação como um desafio de proporções épicas. Justificam o adjetivo dizendo: a mobilidade urbana é um dos desafios mais difíceis enfrentados pelas cidades; os sistemas existentes estão perto do colapso; a população urbana passará de 3,5 bilhões para cerca de 6,3 bilhões nos próximos 35 anos; oferecer mobilidade urbana em 2050 custará € 829 bilhões anuais em todo o planeta, quatro vezes mais do que em 1990; os sistemas de mobilidade usarão 17,3% da biocapacidade da Terra, cinco vezes mais do que em 1990 (Lerner *et al.*, 2011).

As conclusões são impactantes e preocupantes, inclusive da perspectiva do Brasil. Aqui, de acordo com a PNAD, do IBGE, o tempo médio gasto no deslocamento casa-trabalho nas regiões metropolitanas era de 149,6 horas por ano, 41% mais demorado do que a média global prevista por Lerner *et al.* (2011) para 2050! Essa situação compromete as chances de as metrópoles brasileiras alcançarem "sucesso", que na análise citada significa ter atratividade para os cidadãos e para os negócios.

Os autores afirmam ainda que "não é forçar demais dizer que os sistemas de muitas cidades estão como numa plataforma em chamas[2] e que se ações não forem tomadas no futuro muito próximo eles retardarão o crescimento e o

---

[2] Como se vê nos noticiários da TV brasileira, aqui, algumas plataformas de mobilidade, como os ônibus, estão *literalmente* em chamas, quase que diariamente.

desenvolvimento dos países em que se localizam" (Lerner *et al.*, p. 3).

Para comparar as cidades, Lerner *et al.* (2011) construíram um índice que varia de 0 a 100, e a cidade melhor pontuada em cada um dos indicadores obtém, no respectivo item, a nota 100. Ganham mais pontos as cidades em que:

1. é elevada a participação do transporte público, da bicicleta e do caminhar no total de viagens;

2. é elevado o número de automóveis e de bicicletas em sistema de uso partilhado, por milhão de habitantes;

3. há grande penetração de cartões inteligentes[3] no uso dos sistemas de transporte;

4. é baixo o número de fatalidades ocasionadas pelo trânsito;

5. são baixas as emissões de CO_2 pelo transporte;

6. é baixo o número de veículos registrados por habitante;

7. é alta a velocidade média dos veículos;

8. é alta a satisfação com o transporte;

9. é baixo o tempo médio do deslocamento casa-trabalho.

Destaca-se o fato de que, até recentemente, considerava-se como indicador de progresso o maior número de

---

[3] Em Hong Kong, os cartões inteligentes utilizados por 100% da população servem para, além de pagar as passagens, comprar em lojas, supermercados e outros.

veículos por habitantes; os autores, porém, usam a relação inversa e atribuem maior pontuação à cidade com o menor número de veículos por habitante. Trata-se de uma inversão que, parece, sinaliza os novos tempos.

São Paulo, a única cidade brasileira a figurar na amostra, fica pouco abaixo da média global, junto a cidades como a Cidade do México, Buenos Aires, Dacar, Mumbai, Lagos e Moscou. Hong Kong obteve o primeiro lugar, seguida por Amsterdá. No limite inferior da escala, estão Manila, Jacarta, Teerá e Atlanta. Esta última, provavelmente em razão de baixos resultados nos indicadores 1, 2 e 3 e elevados resultados nos indicadores 5 e 6.

Como São Paulo encontra-se em situação intermediária, é lícito supor que, nela, os investimentos necessários para evitar o colapso dos sistemas de mobilidade também serão da ordem de R$ 40 bilhões anuais, a média do volume estimado pelos autores citados. Esse volume é quase nove vezes superior ao montante de recursos federais para a região anunciado, após as manifestações de rua de junho de 2013, pela presidente da República: R$ 4,5 bilhões ("Mobilidade urbana...", 2014). A distância entre o valor do investimento *anunciado* e aquele tido como "necessário" possibilita avaliar a dificuldade que deverá ser enfrentada para que São Paulo consiga, como dizem Lerner *et al.* (2011, p. 4), "oferecer capacidade de se movimentar rápida e convenientemente, com baixo impacto ambiental, o que será crítico para o sucesso da cidade".

Os autores concluem que serão necessárias inovações em tecnologias e também nos modelos de negócio. Apesar de otimistas, suas conclusões desconsideram ao menos um fator limitante que é crucial.

Trata-se da admissão de que, em 2050, os sistemas de mobilidade urbana utilizarão cerca de 17,3% da biocapacidade do planeta, cinco vezes mais do que em 1990. Como visto na Introdução, os humanos já utilizam, hoje, recursos biológicos em volume superior à capacidade de sustentação da Terra. Assim, imaginar que será possível continuar a incrementar tal consumo, dedicando parcela cada vez maior ao transporte, é ignorar a restrição ambiental e desconhecer os limites físicos da esfera que habitamos. É imaginar ser possível crescer indefinidamente em um espaço limitado. É, ainda, evitar pensar a hipótese alternativa: como assegurar acessibilidade sem ultrapassar a biocapacidade do planeta?

Pode-se concluir, portanto, que, ao contrário do que supõem Lerner *et al.* (2011), não é apenas mediante o desenvolvimento de novos modelos de negócio e de novas tecnologias que será possível continuar a atender à crescente necessidade de movimentação de pessoas e coisas. Embora seja essencial pensar novos modelos de negócio e também novas tecnologias, a visão de futuro deve insistir também no desenvolvimento de alternativas que possibilitem *reduzir* a necessidade de movimentação. Não se trata de uma questão apenas brasileira; o desafio é global, assim como as oportunidades que seu enfrentamento pode gerar.

Uma das razões básicas para o relativo otimismo dos autores é a constatação de que existe grande potencial de inovação nos sistemas de mobilidade urbana. Eles dizem que esse potencial não tem sido utilizado porque a mobilidade urbana opera globalmente em ambientes que são hostis à inovação, hiper-regulados e que não dão margem a que os participantes do mercado compitam entre si.

A ideia de "hiper-regulação" sugere que há regras em excesso. No entanto, a questão não é a quantidade de regras, e sim a qualidade delas. A regulação pode induzir inovações – como se viu no caso do Proconve e dos programas que o inspiraram – ou travá-las, como Lerner *et al.* (2011) corretamente argumentam acerca daquelas referentes ao transporte urbano. Segundo os autores, são quatro as razões para a falta de inovação nos sistemas de mobilidade: 1) os participantes não trabalham de maneira colaborativa; 2) os líderes dos diversos grupos de atores que participam dos sistemas não desenvolveram uma visão para os conceitos de mobilidade; 3) muito frequentemente, os sistemas são geridos em prol dos operadores, e não dos clientes; e 4) a eficiência dos sistemas tende a declinar quando não há competição entre os operadores pela preferência dos consumidores.

A restrição da concorrência é, como se viu no capítulo "Mobilidade das gentes e das coisas", uma das características da regulação do transporte urbano brasileiro.

Em sua análise, há menção ao caráter endêmico dos congestionamentos em Pequim, emblemática do grupo analítico criado por eles e no qual se insere São Paulo. Isso faz lembrar, primeiro, que, há apenas cerca de vinte anos, esses congestionamentos eram desconhecidos em Pequim, onde predominava o transporte por bicicleta. Em São Paulo, os congestionamentos não são recentes, e a tendência é que cresçam, apesar e também por causa das obras que têm sido feitas. O maior da história da cidade, com 309 quilômetros de lentidão, ocorreu em 14 de novembro de 2013, e o segundo maior, com 300 quilômetros, havia ocorrido no dia 26 de julho do mesmo ano (Motoristas..., 2013). Afora estes, os outros cinco maiores ocorreram nos cinco anos anteriores! Em segundo lugar, faz lembrar que as ações adotadas não têm sido suficientes para encaminhar o problema a uma solução.

A busca por um sistema de mobilidade que seja sustentável mobiliza inclusive empresas produtoras de automóveis. Diversas delas têm investido nesses novos sistemas, e vale citar o diretor de uma delas:

> O compartilhamento de automóveis em metrópoles é um serviço relativamente recente, mas que cresce em ritmo acelerado. Enquanto a única empresa brasileira (Zazcar) possui cerca de 2,8 mil associados em São Paulo, a europeia Car2Go tem quase 300 mil em 20 cidades nos Estados Unidos e em países desenvolvidos da Europa – em 2011 o número era de apenas 60 mil. Integrante do grupo Daimler, o mesmo da Mercedes-

> -Benz, a empresa avalia o mercado brasileiro, mas ainda vê o país distante da popularização do serviço de mobilidade urbana. Entre os motivos que mostram o despreparo do Brasil estão sistemas ineficientes de transporte público nas metrópoles e a cultura ainda forte da propriedade de veículos, segundo apontou Andreas Leo, porta-voz da Daimler Mobility Services, a mais nova subsidiária do grupo, criada em janeiro deste ano. Além de um serviço, a mobilidade já se mostra um negócio lucrativo para a Daimler em pelo menos três cidades no final do ano passado. (Fussy, 2013)

A Toyota também desenvolve iniciativa nesse sentido, com o World Business Council for Sustainable Development, chamada de Projeto de Mobilidade Sustentável. Destaca-se, entre os sete objetivos do projeto, o propósito de que haja redução do "fosso de mobilidade" que inibe o acesso dos membros dos grupos sociais desfavorecidos a vidas melhores para si e para suas famílias.

Esse item coloca em primeiro plano a questão do diferencial de mobilidade que caracteriza os diversos grupos sociais e cuja inserção na análise da mobilidade é fundamental, pois tal diferencial define as características mais relevantes do desenvolvimento e do futuro da própria mobilidade. A histórica prioridade dada aos investimentos que promovem o automóvel, em detrimento da prioridade ao transporte coletivo, é expressão de como esse diferencial se reflete na política pública, e esta, nas características da qualidade de vida, em seu componente de mobilidade, dos diversos grupos sociais.

Assim, um dos aspectos centrais para se alcançarem, senão uma solução, ao menos políticas que minorem esse diferencial de qualidade da mobilidade e de vida é a alteração da influência dos diversos grupos sociais sobre a definição das políticas públicas. Em outras palavras, a mudança da matriz de transporte depende de mudança da matriz que gera as decisões políticas, de forma que os interesses favoráveis ao transporte individual tenham peso menor nas decisões de governo.

Em razão disso, as transformações tecnológicas, embora necessárias e muitas vezes bem-vindas, não podem ser vistas como a fonte de onde jorrarão as soluções. Carros elétricos, por exemplo, podem até reduzir a poluição – a depender de como é gerada a energia que utilizam –, mas, caso não sejam acompanhados por outras políticas públicas, não reduzirão nem os congestionamentos nem os acidentes e atropelamentos.[4]

Assim, destaca-se, mais uma vez, a melhoria da qualidade da mobilidade depende menos da tecnologia ou do "modelo de negócio" e mais da configuração das forças políticas que comandam as transformações na cidade, na região, no país e mais além, sem negligenciar o fato de que "comandar" as transformações não significa ter pleno controle sobre elas;

---

[4] Nas cidades onde já é grande o número de veículos elétricos, ou mesmo híbridos, a maneira silenciosa como estes trafegam em comparação aos veículos com motor à explosão torna-os difíceis de serem percebidos pelos pedestres, o que tem ocasionado acidentes e também políticas para evitá-los.

afinal, o processo político é um processo de disputa cujos resultados nem sempre são previsíveis e em que, vez por outra, o usual vencedor acaba vencido.

Esse aspecto político da questão da mobilidade fica também evidenciado na análise apresentada pela Toyota, quando diz, no trabalho citado, pretender "aumentar a atratividade dos veículos, além de trabalhar para solucionar questões sociais, inclusive o impacto ambiental, os acidentes de trânsito e os congestionamentos, como outra parte importante da missão" ("Toward...", 2005, p. 62).

Sendo uma das maiores produtoras mundiais de automóveis, é compreensível a sua intenção de "aumentar a atratividade dos veículos". Essa perspectiva, porém, vai contra a diretriz defendida pela maioria dos analistas e também se afasta da linha preconizada pela União Europeia, que busca maneiras de tornar o veículo individual *menos* atrativo.[5] Apesar da afirmação da produtora de automóveis quanto à atratividade destes, a crescente tendência de reduzir tal *glamour* acaba implicitamente reconhecida pela própria empresa, ao fazer referência a três pontos considerados chave para o desenvolvimento da mobilidade sustentável: o terceiro é considerar as altas expectativas em melhorias do transporte coletivo.

---

[5] Por contraditório que possa parecer, uma vez que a União Europeia é dos maiores fabricantes de veículos do planeta.

Na busca por novas tecnologias e novos modelos, a União Europeia parece ter tomado a dianteira. A China tem avançado rapidamente nos aspectos tecnológicos, e, nos Estados Unidos, vários estados, entre eles a Califórnia, caminham adiante do governo federal. Este, no entanto, há mais de vinte anos investe pesadamente em "sistemas inteligentes de transporte", e frutos dessas pesquisas já aparecem.

Entre eles, os carros, ainda experimentais, que dispensam o motorista em grande parte da viagem. Exemplos dessas tecnologias incluem ainda sistemas de navegação, informações sobre as condições de tráfego em tempo real, sistemas que freiam os veículos automaticamente quando se aproximam de possíveis obstáculos, entre muitos outros. As tecnologias aplicáveis diretamente ao transporte público incluem, além das mencionadas acima, gestão integrada dos sistemas, informação transmitida diretamente ao celular do passageiro sobre quantos minutos faltam para o próximo veículo chegar ao ponto onde ele se encontra, controle automático de localização e de velocidade de cada veículo coletivo, com ajustes, também automáticos, para regularizar os fluxos e atender à cambiante demanda.

Outras tecnologias possibilitarão ou já possibilitam:

- anunciar as paradas automaticamente mediante alto-falantes a bordo, conforme já ocorre, há anos, em muitas cidades da Europa e Ásia;

- conhecer a localização de cada veículo por meio de GPS, permitindo melhorar a pontualidade;
- implantar sistema computadorizado de despacho dos ônibus para ajudar a mantê-los no horário;
- dar aos motoristas melhores instrumentos de comunicação remota;
- dar aos clientes informações em tempo real sobre os ônibus em qualquer parada;
- dar aos gestores dados precisos sobre entradas e saídas de passageiros de cada veículo, assim como do tempo entre paradas, para permitir que as rotas sejam definidas e geridas de maneira mais eficaz e produtiva.[6]

Além de todas essas tecnologias, há outras ligadas ao próprio desempenho dos veículos e sua substituição por unidades menos poluentes. A propósito, em Bogotá, está em implantação um programa para substituir todos os ônibus de seu famoso sistema TransMilenio por veículos elétricos.

Em comum, um dos principais pontos a destacar, da perspectiva dos países ditos em desenvolvimento ou emergentes, é que essas tecnologias são compostas, isto é, envolvem alguns componentes instalados nos veículos e outros nas vias, assim como em satélites de posicionamento e de

---

[6] Ver "Technology is Changing..." (s/d.).

comunicação, e sua eficácia quanto à melhoria da mobilidade depende da interação entre esses componentes e da instalação desses equipamentos em elevada proporção da frota.

Essa última característica implica resultados menores e mais lentos nos países onde é elevada a idade média e baixa a taxa de renovação das frotas. Vale dizer, em países como os latino-americanos, africanos e asiáticos.[7]

O caráter composto das tecnologias significa, por outro lado, que a infraestrutura de estradas e vias urbanas, além de sistemas semafóricos, de sinalização, de sincronização, etc., deverá ser renovada para incorporar com eficácia as novas tecnologias. Como os países menos desenvolvidos são também locais onde a infraestrutura rodoviária, típica do século XX, apresenta deficiências dramáticas – e em vários deles, como o Brasil, mesmo a infraestrutura do século XIX, a ferrovia, quase inexiste –, efetuar o salto para as novas tecnologias parece uma promessa de difícil credibilidade. Sem abandonar novas tecnologias e seu desenvolvimento, há que se buscarem outros e novos caminhos.

Mais importante do que essas novas tecnologias e modelos de negócio é a matriz que as gera, e uma diretriz da

---

[7] A ideia de que seria positivo elevar a taxa de renovação poderia parecer excelente para a indústria automobilística, mas, embora talvez pudesse reduzir a poluição do ar, provavelmente seria um desastre ambiental de grandes proporções, uma vez que tenderia a elevar substancialmente o consumo de recursos naturais, ainda que com nível alto de reciclagem.

Comissão Europeia está se transformando exatamente nisso, como indicam os vários exemplos já citados.

Trata-se da diretriz de fazer internalizar os custos hoje externalizados do transporte. Dela decorrem, ao menos em parte, as iniciativas voltadas à busca de maneiras de reduzir o conjunto de "males" associados ao transporte: poluição, congestionamentos, acidentes, etc.

Esses "males" degradam a sociedade de forma difusa: impõem custos derivados do transporte que são pagos pelo conjunto da sociedade, e não por quem se transporta ou efetua o transporte diretamente. Essa é a razão pela qual, na literatura econômica, fala-se na "externalização" dos custos, ou de "custos externos".

A referida diretriz da UE visa a promover a internalização de tais custos, dando realidade ao princípio do poluidor/pagador. Esse princípio consta também da Constituição Federal do Brasil e da Lei da Política Nacional do Meio Ambiente, mas, aqui, tem sido relativamente pouco aplicado.[8]

A capacidade de externalizar custos está associada a normas vigentes na sociedade e, regra geral, aceitas sem questionamento; não obstante, será fundamental alterá-las para alcançar uma mobilidade sustentável. Por exemplo: em certos países, um motorista que destrua um poste de iluminação

---

[8] Ver Constituição Federal, artigo 225, parágrafo 3º e Lei nº 6.938/1981, inciso VII do artigo 4º e parágrafo 10 do artigo 14.

recebe logo em seguida a conta referente ao custo da reparação; noutros locais, como em Brasília,[9] são raras essas cobranças e ainda mais o efetivo pagamento. Isso significa que o custo desse reparo acaba sendo incluído ou na conta de luz ou nos impostos pagos por todos. Neste caso, à semelhança do quebra-molas, em vez de haver punição ao infrator, pune-se toda a sociedade.

Outro exemplo: a emissão de gases pelos veículos, embora comprovadamente danosa, segue sendo legalmente permitida, sem previsão de punição a quem fabrica ou usa o veículo; os custos de tratar as doenças decorrentes são "socializados". Ainda outro exemplo: uma organização à qual se dirijam e da qual se afastem, diariamente, milhares de pessoas, quase nunca, ou raríssimas vezes, é responsabilizada pelo congestionamento e demais formas de poluição que tal movimentação causa.

Embora muitos defendam a "internalização" desses custos, são raros aqueles que têm procurado desenvolver instrumentos para tornar o procedimento realidade. No caso do último exemplo, ainda cabem perguntas: quem deveria arcar com esses custos? Aquele que motiva os deslocamentos ou aqueles que se movimentam? Ambos? Em qual proporção? Haverá situações em que ora uns, ora outros devam ser mais

---

[9] Ver reportagem sobre o tema e entrevista do presidente da Companhia Energética de Brasília (CEB). "Acidentes envolvendo postes..." (2014).

responsabilizados? Se o centro que origina esses deslocamentos é um hospital, ou uma fábrica ou um centro de diversão e lazer, qual é a distribuição "adequada" ou "justa" desses custos externos?

Hoje, os habitantes da cidade pagam tais custos "externos" de maneira difusa, conforme sejam, de acordo com o local em que residem, mais ou menos "protegidos" desses males, ou a depender das condições particulares em que se locomovem. Será essa "distribuição", relativamente opaca, por toda a sociedade mais justa, mais adequada ou melhor do que as alternativas de responsabilizar a fonte geradora dos movimentos, ou as pessoas que se deslocam?

Formulada a pergunta, envolvendo noções de "justiça" ou "adequação", a resposta é, além de política, filosófica. A criatividade humana permite que sempre se encontre um argumento para justificar que o "justo" é que "o outro" pague. Caso a indagação seja quanto às consequências de uma ou outra forma de distribuição, então a resposta pode ser mais objetiva, ainda que especulativa.

Na hipótese de manutenção da atual situação, as tendências de crescimento das emissões e do congestionamento persistirão; novas tecnologias podem reduzi-las ou retardá-las, mas dificilmente promoverão a inflexão necessária para se enfrentarem os atuais desafios globais. Afinal, serão "os outros" a arcar com os custos, o que reduz a motivação para que sejam, de fato, cortados.

Caso se defina, politicamente, que aqueles que se movem deverão pagar pelos custos externos que geram, será preciso superar as dificuldades técnicas para implantar tal cobrança: quanto e como cobrar de cada veículo, por trajeto? Superada essa dificuldade, pode-se prever redução dos deslocamentos, mais intensa entre aqueles de menor renda, e transferência de parte das viagens para o transporte público, menos poluente. Certamente, há de se implantar melhorias substanciais neste para acomodar a demanda assim ampliada. Considerando-se prazos mais longos, haveria um fortalecimento do comércio de vizinhança, o desenvolvimento de múltiplos centros na cidade e uma transformação no padrão de uso do solo em direção a uma "forma urbana" mais diversificada e completa, mais sustentável, menos espalhada e com menor demanda de movimentação, sem perda de acessibilidade. Haveria, pelo contrário, uma tendência de recuperação da acessibilidade perdida pelo crescimento dos congestionamentos e pela expansão territorial das cidades.

Na hipótese de concentrar a cobrança dos custos externos sobre os centros geradores de tráfego, haveria, por definição, uma absorção por tais centros dos custos "externos" aos quais eles hoje dão origem. Tal absorção seria vista e combatida pelos representantes dessas grandes unidades como um aumento dos seus custos operacionais que levaria ao desemprego, à queda de arrecadação fiscal hoje gerada nesses centros, ao aumento dos preços de seus produtos, etc. Caso, ainda assim, os custos externos venham a recair sobre quem os motiva, de fato todas essas consequências poderiam ocorrer, mas elas não seriam as únicas decorrências. Nem, talvez, aquelas preponderantes quando se considera um prazo mais longo.

A definição de uma clara responsabilidade sobre as "externalidades" eliminaria a opacidade hoje existente e motivaria os agentes responsáveis a reduzi-las, por exemplo, facilitando o acesso por meio do transporte público, incrementando vendas por meio da internet, substituindo unidades de grande porte por unidades de vizinhança, promovendo diversidade de funções em equipamentos hoje unifuncionais. Afinal, o mercado é instrumento eficiente para, por meio da concorrência, reduzir custos. Isso, no entanto, apenas ocorre caso estes sejam internos. É essa possibilidade de conhecer, gerir e, pois, reduzir esses custos a razão básica pela qual a União Europeia busca formas de internalizá-los.

Caso o custo antes "externalizado" passe a ser responsabilidade de quem motiva os deslocamentos, as transformações decorrentes se dariam em ritmo bem mais rápido, uma vez que a possibilidade de resposta dos centros geradores é bem maior do que a do indivíduo que se desloca. Estes, além do mais, já "pagam" parcela do custo sob a forma de perda de tempo, desgaste físico e psíquico, vitimados por acidentes e doenças, etc. Além disso, como cada centro é um grande gerador de poluentes, diferentemente de cada motorista individual, as estruturas de gestão para identificar as fontes e efetuar a cobrança serão mais simples e, provavelmente, eficazes. Nesse sentido, há concordância, entre os analistas de sistemas tributários, que é mais fácil e eficiente concentrar a cobrança de tributos ou taxas sobre os grandes contribuintes do que sobre os pequenos.

É importante, aqui, lembrar que, para enfrentar os problemas ambientais atuais, não se pode continuar a vida como se tem feito nas últimas décadas. Inovações são necessárias, inclusive para encontrar maneiras de se internalizarem, nas fontes geradoras, os custos externos decorrentes da movimentação.

RELATÓRIO DE IMPACTO NA CIRCULAÇÃO

Um conceito – e uma prática – que poderá contribuir na direção dessa "internalização" tem sido utilizado em um número crescente de cidades, embora tal crescimento seja lento. Trata-se da noção de Relatório de Impacto na Circulação (RIC), cujo nome se altera conforme o local onde é usado. O Denatran dá outro nome e publicou, em 2001, com apoio da Fundação Getúlio Vargas, o relatório *Manual de Procedimentos para o Tratamento de Polos Geradores de Tráfego*. Há documentos semelhantes em diversos municípios brasileiros e noutros países.

A ideia geral é que um grande empreendimento causa alterações no trânsito e na mobilidade e que se devem identificar essas alterações e propor medidas que possam reduzir as consideradas negativas. A ideia é boa, porém seu uso tem sido limitado em termos da quantidade de cidades que a utilizam, também por conta de certos problemas de concepção, que deveriam ser revistos de forma a dar ao instrumento maior eficácia e abrangência. Citando o próprio trabalho, podem-se perceber algumas dessas limitações:

> Com base no art. 93 do Código de Trânsito Brasileiro, os órgãos executivos de trânsito e rodoviários são obrigados a dar anuência prévia à implantação de edificações que possam se transformar em polos geradores de tráfego. Para isto, devem estabelecer parâmetros de projetos e outras exigências a serem observados pelos empreendedores. Normalmente esses parâmetros estão relacionados com: área construída da edificação; [...] acessos; recuos; [...]; declividade e raios horizontais das rampas; espaços para estacionamento, inclusive especiais (motocicletas e portadores de deficiência física); vias internas de circulação; pátios para carga e descarga de mercadorias, etc. (Denatran, 2001, p. 26)

Há, ainda, parâmetros quanto à geração de tráfego e à necessidade de vagas de estacionamento para os vários tipos de empreendimento, tais como centros comerciais, supermercados, hospitais, indústrias e outros. Interessante observar que, no caso do município de São Paulo, a construção de um estádio de esportes – ou de uma arena, na linguagem relativa à Copa do Mundo da FIFA Brasil 2014 – deveria prever, para cada oito lugares para o público, uma vaga de estacionamento. Apesar dessa referência, o estádio do Corinthians, em construção, que deverá sediar a abertura do referido evento comercial e esportivo e que terá capacidade para 65.807 pessoas, terá 3.500 vagas; caso a legislação fosse cumprida, seriam 8.226. (Oliveira, 2012)

Ainda sobre os Polos Geradores de Tráfego (PGTs), deve-se registrar, conforme o Denatran:

> [...] um estudo de impacto na circulação viária deve [...]: garantir a melhor inserção possível do empreendimento proposto no sistema viário de sua área de influência imediata; viabilizar, na parte interna da edificação, os espaços necessários para o estacionamento de veículos, para a carga e descarga de mercadorias, [...] para o embarque e desembarque de passageiros [...]; reduzir ao máximo os impactos negativos ocasionados pelo empreendimento na operação do tráfego de sua área de influência, por meio de intervenções nos sistemas viário e de circulação, tais como alargamento de via, rebaixamento de meio fio e colocação de baias para pontos de ônibus, dentre outras; viabilizar espaços seguros para o caminhamento de pedestres dentro e fora da edificação. (Denatran, 2001, p. 31)

Um ponto a destacar é que essas análises tendem a considerar os impactos sobre a região lindeira, definida como área de influência, enquanto diversos equipamentos têm impactos sobre toda a cidade, ainda que diferenciados, o que exige que se considerem impactos além da vizinhança. Outra questão importante é o viés que leva à ênfase na existência de vagas para automóveis em relação à baixa atenção ao transporte público: a construção de um estádio, ou aeroporto, ou escola ou centro comercial ou outro PGT deveria ter como exigência, mais do que vagas de estacionamento, opções de acesso mediante transporte coletivo. Exemplifica o viés mencionado – que sugere que a preocupação de quem decide é com o usuário de automóvel, e não com aquele que usa o transporte público – o Decreto nº 33.740, de 28 de junho de 2012, que dispõe sobre o Código de Edificações do Distrito Federal; nele, há diversas menções às vagas de estacionamento necessárias aos vários tipos de edificação, e *nenhuma* às alternativas de transporte público para acessá-las.

Em conclusão, pode-se afirmar que, embora úteis, os relatórios sobre os PGTs ainda são muito limitados e enviesados a favor dos interesses dos automobilistas, mais do que dos cidadãos. Fica, assim, clara a limitação dos referidos estudos de impacto, apesar de a Lei nº 10.257, de 10 de julho de 2001, o Estatuto da Cidade, prever maior amplitude em tais estudos (artigos 36 a 38). Embora esses instrumentos sejam úteis, repita-se, a superação das limitações apontadas poderia torná-los bem mais eficazes em termos da mobilidade urbana e da sustentabilidade.

OUTRAS FORMAS DE "INTERNALIZAR" CUSTOS EXTERNOS

Há vários impedimentos para se efetuar a "internalização" dos custos externos do transporte. Primeiro, a óbvia reação contrária de todos aqueles que hoje são capazes de transferir para terceiros os custos que geram.

Uma dificuldade adicional é que não se sabe, exatamente, como proceder para alcançar esse objetivo. Exemplificando: quantos reais, e a quem, deverá pagar, como compensação à sua emissão, um veículo que, em determinado trajeto, emite 10 quilos de CO_2? Como saber se, no trajeto, o veículo emite 10 ou 14 quilos? Além dessas questões de difícil resposta, há outras: ainda que os meios eletrônicos, como sensores, computadores e telecomunicações, possam ajudar no processo, como generalizar a instalação desses sensores em veículos, vias e rodovias e como implantar a necessária rede de telecomunicações sem fio para possibilitar a cobrança? Caso o mesmo veículo produza alto nível de ruído, como ajustar o pagamento? Outro ponto de difícil solução é a calibração dessa eventual cobrança no sentido de não apenar o poluidor além do custo real efetivamente "externalizado".

Nenhuma dessas respostas é fácil, todas elas envolvem julgamento; todas, se implantadas, significam redistribuição de renda na sociedade em detrimento daqueles que causam a poluição, gerando para os que a sofrem o benefício que trazem menos poluição e menores gastos com a saúde e, a depender de como as receitas forem aplicadas, ainda outros ganhos. Além de tudo isso, os poluidores com frequência são pessoas honestas, que geram empregos e lutam para fazer suas empresas ou organizações sobreviverem, ou mesmo apenas para chegar a seus empregos ou compromissos na hora combinada. Assim, um cuidado adicional é não sobrecarregar a atividade a ponto de ela ser sufocada – vale dizer, evitar cobrança além do efetivo custo externalizado.

Ou seja, as grandes dificuldades políticas existentes são apenas parte do problema. Outra parte é superar as dificuldades de aprendizagem até que sejam desenvolvidos instrumentos ou mecanismos institucionais que possibilitem a pretendida internalização. Quais seriam eles? Taxas? Impostos? Sistemas de limitar e cobrar (também conhecidos pelo seu nome em inglês *cap and trade*)? Licenças? Inspeções? Multas? Independente da opção, como calibrar a cobrança? Como podem contribuir os instrumentos socioculturais, tais como a ecologização[10] da consciência dos indivíduos, para que se evitem os deslocamentos desnecessários?

A incerteza com relação às melhores alternativas não impediu a União Europeia de definir como diretriz a estratégia de internalização e, ao mesmo tempo, incentivar o

---

[10] "Ecologizar" é um importante neologismo criado por Ribeiro (2013) para, simplificadamente, dar ênfase à necessidade de se considerarem as variáveis ambientais nas decisões cotidianas.

desenvolvimento de instrumentos que pudessem ser adequados à tarefa. Muitos estudos se seguiram, e hoje já há experimentos em curso, como, por exemplo, a cobrança de taxa adicional sobre o frete de longa distância, que incentiva a redução da quilometragem percorrida pelas mercadorias.

Na França, discutiu-se a Taxa Quilométrica sobre Pesos Pesados (Taxe Kilométrique Poids Lourds) como parte da estratégia para alcançar, em 2020, o objetivo de reduzir as emissões de GEE geradas pelo transporte em 20%, relativamente ao total de 1990, e 60%, em 2050. A legislação referente à sua implantação data de 2009 e segue o exemplo de países como Áustria, onde taxa semelhante existe desde 2004, Alemanha, desde 2005, Suíça e República Tcheca, onde a cobrança de taxa semelhante levou a "uma melhora da utilização das vias e à otimização das redes logísticas e circuitos de distribuição, com os transportadores rodando menos e levando a mesma quantidade de mercadorias, portanto sendo mais eficientes". (FNE, 2012) Essa maior eficiência diminui o "custo Alemanha", e políticas análogas poderiam ajudar a reduzir o "custo Brasil", caso fossem aplicadas aqui.

Novamente na França, com base em vários argumentos, entre eles o do poluidor/pagador e também o da isonomia com as redes de ferrovias e de hidrovias, nas quais os usuários pagam pelo uso da infraestrutura, a partir de abril de 2013, passaria a ocorrer a cobrança experimental dessa taxa sobre os veículos de mais de 12 toneladas no eixo norte-sul da região da Alsácia. Após julho do mesmo ano, o dispositivo seria ampliado para todo o país e passaria a incluir veículos acima de 3,5 toneladas, carregados ou não, que equivaliam a cerca de 800 mil unidades, das quais 350 mil registradas fora da França. A tarifa média de € 0,12 por quilômetro percorrido seria um "sinal de preço suficiente para ensejar [o uso de] outros meios de transporte – ou de não transporte – embora suportável pela nossa economia e em particular pelos consumidores finais". (FNE, 2012)

A reação dos transportadores foi grande, e a cobrança foi adiada pelo primeiro-ministro, com previsão de entrada em vigor em janeiro de 2014. Segundo o Ministério da Ecologia, do Desenvolvimento Sustentável e da Energia, o adiamento deveu-se a questões técnicas e também para permitir completar o registro dos cerca de 600 mil veículos envolvidos.[11]

Outro estudo decorrente da diretriz europeia é o Inventário de Medidas para a Internalização dos Custos Externos nos Transportes, de novembro de 2012, elaborado por Van Essen *et al.* (2012), no qual se baseiam as observações a seguir. Registre-se, por oportuno, que o documento traz a ressalva de que as opiniões nele contidas refletem a posição dos autores, e não da UE.

---

[11] Note-se que, segundo o ministério, o número de veículos afetados seria inferior ao da citação anterior, o que nos lembra que as estatísticas devem ser vistas com cuidado, sempre. Para mais informações, ver Ministère de L'Écologie, du Développement Durable et de L'Énergie (s/d.).

Uma das conclusões é que a maioria das iniciativas estudadas teve como motivação principal a gestão da demanda, mais do que propriamente a "internalização" dos custos. Entre as medidas adotadas, encontram-se a cobrança por estacionamento em vias públicas e a instituição de uma taxa a ser paga por todos os veículos que entrarem em certas áreas, usualmente o centro urbano. Importante registrar, primeiro, que ambas são medidas implantadas após cuidadosas análises sobre a movimentação de veículos, em especial automóveis particulares; segundo, que, em sua conceituação, essas ações não são novidade, mas tendem a receber forte oposição de diversos grupos sociais.

Entre outras conclusões estão:

- a necessidade de serem revistos e reavaliados os princípios gerais que têm guiado as políticas de transporte urbano, tanto para passageiros como para carga;
- a importância de um marco ao nível da União Europeia para a cobrança, ao usuário, do acesso a certas vias;
- a importância, para a aceitação, pelo público, da cobrança pelo uso das vias, da vinculação ao transporte dos recursos arrecadados e da transparência no gasto. Esses recursos devem ser usados em transporte público e sua operação, infraestrutura para pedestres e ciclistas, apoio a veículos elétricos, promoção

de combustíveis alternativos, estímulo a esquemas de gestão da mobilidade, etc. Muitos pensam que essas taxas deveriam ser compensadas com redução em outros impostos, de forma a manter o mesmo nível de carga tributária;[12]

- a internalização dos custos nunca foi um objetivo explícito dos esquemas implantados: argumentos mais amplos e mais pragmáticos tiveram seu papel;
- os níveis de cobrança variam muito, desde cerca de € 2 por visita a área sujeita à cobrança até € 10 por dia; valores mais baixos resultaram em redução de 7% no número de veículos, e valores mais elevados, em redução de até 45%;
- as avaliações disponíveis mostram que a cobrança tanto por entrar em certas áreas da cidade quanto por estacionar são esquemas eficazes para a redução dos custos externos e também são autofinanciáveis.

O mesmo trabalho adverte ainda sobre as lições que podem ser aprendidas para a implantação desses esquemas: não há solução única, e cada cidade deve ajustar a proposta às

---

[12] No Brasil, como uma das reivindicações manifestadas nas demonstrações de junho de 2013 era favorável ao "passe livre", este poderia ser financiado, em proporção a ser analisada, mediante a cobrança pelo uso das vias por parte dos automóveis particulares. Ainda que essa possa não ser a melhor maneira de se utilizarem esses recursos, poderia ser uma alternativa a fim de facilitar a mudança das prioridades governamentais de estádios ou automóveis particulares para o transporte público acessível e sustentável.

MEIO AMBIENTE & MOBILIDADE URBANA

suas características; vincular a aplicação das receitas ao transporte público eleva o nível de aceitação pelo público e oferece alternativa ao automóvel; a definição do valor "adequado" da cobrança pode ser ajustada lançando-se mão de um período experimental; a monitoração dos resultados e a rigidez na cobrança são fatores críticos, assim como informação ao público e integração dos esquemas à política local de mobilidade.

Essas conclusões se referem à Europa, e há estudos os quais mostram que medidas semelhantes foram eficazes noutros locais, como Cingapura e Hong Kong. Para o Brasil, seriam adequadas?

Antes de mais nada, lembre-se da insistência, no próprio relatório, em que não há respostas prontas, idênticas, para as diversas cidades e que, ao contrário, é necessário ajustar a proposta geral a cada situação. Essa conclusão é plenamente transferível ao Brasil. Também se aplica ao Brasil a necessidade de uma comunicação clara ao público sobre os objetivos, os princípios e o funcionamento de um sistema a ser implantado, assim como da plena transparência com relação ao uso, em projetos socialmente adequados, dos recursos arrecadados.

Esses princípios, aliás, são válidos não apenas para a política pública de mobilidade urbana. Para que sejam aplicados, no entanto, é essencial que ocorram transformações profundas no sistema político brasileiro, mudanças que possibilitem dar prioridade aos interesses comuns sobre os privados.

Desafios na implantação de parquímetros

Reportagem da *Folha de S.Paulo* (Monteiro, 2014b) relata planos da prefeitura da capital paulista para introduzir parquímetros eletrônicos na chamada Zona Azul da cidade, onde já se cobra pelo estacionamento, há anos, mediante o uso de talões de papel. A defasagem tecnológica salta aos olhos! Os talões de papel podem ser adquiridos em diversos locais, inclusive de intermediários que cobram valores bem mais elevados do que a taxa formalmente definida. Vale detalhar a informação, pois ela permite aprofundar as questões da qualidade da regulamentação e da transparência no uso dos recursos.

Segundo os dados apresentados, em 2012, com uma tarifa de aproximadamente R$ 3 por hora de estacionamento – enquanto estacionamentos privados das regiões centrais cobram até mais de cinco vezes esse valor –, a cobrança gerou R$ 63,7 milhões, com lucro de 50%, em um total de 37 mil vagas de Zona Azul; haveria licitação para escolher a empresa que fará os investimentos necessários – 2 mil parquímetros – e audiência pública para debater o tema. A matéria informa ainda que prefeitos anteriores tentaram introduzir o sistema, sem êxito, mas não explica as razões desses fracassos e diz que há cidades brasileiras onde a empresa administradora fica com até 95% das receitas geradas.

Admitindo-se como verdadeiras todas essas informações, há diversos pontos a destacar:

- debater tema tão importante em uma audiência pública é necessário, porém claramente insuficiente para esclarecer a população e avaliar modelos alternativos para sua implantação;
- nada foi dito quanto a campanhas que informem e instruam a população sobre as razões e os resultados esperados com o novo sistema; também nada se disse sobre o uso a ser feito das receitas a serem geradas;
- além desses pontos, a simples aritmética evidencia problemas: uma receita de R$ 63,7 milhões auferida com a exploração de 37 mil vagas significa que cada uma delas gerou, ao longo do ano, R$ 1.721,62, ou apenas R$ 7,17 por dia útil. A conta revela: cada vaga teria sido usada, em média, menos de 3 horas por dia. Assim, maiores esclarecimentos deveriam ser exigidos pelo público e apresentados pela prefeitura para que se pudesse, de fato, justificar a nova empreitada e elevar sua aceitação pela população.

PERSPECTIVAS BRASILEIRAS: PLANOS E LEIS

ANDAR NA CONTRAMÃO: O PLANO SETORIAL DE TRANSPORTE PARA ENFRENTAR AS MUDANÇAS CLIMÁTICAS

Como parte das iniciativas brasileiras para cumprir os compromissos de redução das emissões de GEE voluntariamente assumidos pelo país, foi apresentado, em junho de 2013, o Plano Setorial de Transporte e de Mobilidade Urbana para Mitigação e Adaptação à Mudança do Clima (PSTM). A responsabilidade por sua elaboração foi dos ministérios dos Transportes e das Cidades, ausente o do Meio Ambiente.

Essencialmente, segundo o PSTM, a contribuição do setor de transporte brasileiro decorrerá dos efeitos das obras de infraestrutura de transporte e mobilidade urbana anunciadas pelo

Governo Federal e por alguns governos subnacionais. Foram considerados os investimentos associados à Copa do Mundo da FIFA Brasil 2014, os listados no PAC Mobilidade Grandes Cidades e projetos de metrô, assim como investimentos financiados pelo Banco Nacional de Desenvolvimento Econômico e Social (BNDES) e as principais iniciativas estaduais e municipais, "com obras em andamento, contratadas ou previstas na Lei Orçamentária ou no Plano Plurianual de investimentos das cidades de São Paulo e Rio de Janeiro" (Ministério dos Transportes/Ministério das Cidades, 2013, p. 69). Essa nova infraestrutura – parte em construção, parte apenas anunciada – emitirá menos GEE do que a utilizada hoje; assim, quando pronta, atrairá parte dos fluxos atuais e futuros e provocará uma redução média das emissões. Essa redução é tida como igual à contribuição do setor ao esforço brasileiro para mitigar e se adaptar às mudanças climáticas.

O PSTM chegou à seguinte conclusão: com o sucesso dos investimentos previstos, o setor de cargas emitirá, em 2020, 98,2 $MTCO_2$, o que representará uma redução de 3% em relação ao que emitiria sem as obras. Já o transporte rodoviário de passageiros emitirá, naquele ano, 131,7 $MTCO_2$, contra uma projeção tendencial de 135,4 $MTCO_2$, economia também de 3%.

No tocante à carga, o plano considera apenas o transporte intermunicipal, interestadual e internacional e não toca uma vez sequer na questão do transporte metropolitano ou urbano de carga. Este, como se viu, é socialmente ineficiente e fonte importante de poluição, direta e indiretamente. O PSTM afirma levar em conta, também, as projeções do Ministério de Minas e Energia com relação ao ganho de eficiência energética da frota de veículos.

Com relação ao transporte urbano de passageiros, o PSTM efetuou uma estimativa dos impactos que os projetos considerados poderão ter, alterando a matriz de transporte em direção a modais menos poluentes. Essas estimativas possibilitaram, então, confrontar as emissões que ocorreriam em 2020 "na condição hipotética onde não ocorreria a implantação de novos projetos de infraestrutura de mobilidade urbana" (Ministério dos Transportes/Ministério das Cidades, 2013, p. 64), com o cenário em que os investimentos previstos ocorrem e os serviços operam.

No entanto, para efetuar as estimativas, foi necessário formular hipóteses sobre algumas das variáveis relevantes, em razão da falta de informações nos projetos. Por exemplo:

> Nem todos os projetos apresentam modelos de demanda de passageiros e, no Brasil, há falta de estudos disponíveis referentes ao potencial de transferência modal do transporte individual para o coletivo proporcionada pela implantação de infraestrutura. Assim, foi necessário estabelecer procedimentos simplificados que permitissem estimar a redução da curva de crescimento das emissões de GEE. (Ministério dos Transportes/Ministério das Cidades, 2013, p. 69)

Outro exemplo:

> Não foi possível obter, para cada projeto considerado no Cenário de Investimentos Atuais, os dados de quilometragem anual e consumo de combustível dos veículos diretamente vinculados ao projeto, e tampouco dos efeitos do projeto na geração e distribuição de viagens por modo de transporte. A única informação disponível para todos os projetos foi a sua extensão em quilômetros, *existindo para alguns projetos a demanda diária prevista de passageiros*. (Ministério dos Transportes/Ministério das Cidades, 2013, p. 70, grifo nosso)

A informação revela a precariedade do planejamento dos investimentos em curso; afinal, projetos de transporte que não informam a quantidade de passageiros que será transportada nem a quilometragem que os veículos envolvidos percorrerão carecem da mais básica fundamentação e não deveriam ter recebido recursos púbicos para sua implantação. Baseadas em projetos tão precários, as previsões do PSTM não podem ser muito confiáveis.

Como comentário final ao PSTM, vale registrar a breve e única menção que faz a ciclovias; pela sua exiguidade, revela a importância que o tema tem nos ministérios responsáveis pela elaboração do plano:

> Uma das medidas consideradas necessárias neste PSTM para a promoção da mitigação de poluentes locais e gases de efeito estufa é o aumento do uso da bicicleta nos sistemas de

MEIO AMBIENTE & MOBILIDADE URBANA

mobilidade urbana. Porém, para se calcular o seu potencial de abatimento é necessário promover um levantamento sobre a extensão de infraestrutura cicloviária que está sendo implantada no país, bem como a realização de pesquisas pós implantação de infraestrutura para se conhecer a real transferência modal do transporte motorizado para a bicicleta proporcionada pelos projetos. A realização destas pesquisas está prevista para o ano de 2013 e poderão subsidiar a revisão desta versão do PSTM, contribuindo para seu aprimoramento. (Ministério dos Transportes/Ministério das Cidades, 2013, p. 83)

O tratamento da questão da contribuição do setor de transporte à mitigação e adaptação às mudanças climáticas, feito de maneira tão superficial e leviana pelos ministérios responsáveis pelo PSTM, evidencia que, para seus ocupantes, a questão é absolutamente secundária. É necessário, pois, que eles sejam ecologizados, que se atualizem e internalizem as mudanças em curso no mundo, sob pena de prestarem desserviços à nação.

Enquanto essa parte do Governo Federal brasileiro assim se comporta, veja-se trecho de um dos muitos documentos disponíveis na página da internet da Agência Federal de Trânsito dos Estados Unidos, ligada ao seu Ministério dos Transportes (DOT), apenas com relação ao tema adaptação às mudanças climáticas:

Embora não seja possível ligar qualquer evento específico à mudança climática, múltiplos incidentes recentes são consistentes com as tendências observadas. Como os cientistas preveem que episódios desse tipo se tornarão mais frequentes e severos, seus impactos sobre o transporte público oferecem ilustrações. Em Vicksburg, Mississippi, a cheia do rio devido às fortes chuvas na primavera de 2011 forçou os operadores a fechar rotas e realocar suas operações. Em Nova York, uma nevasca recorde em 2010 estressou o sistema de ônibus, e chuvas intensas em 2007 fecharam 19 segmentos importantes do sistema de metrô, inundando a terceira linha e afetando 2 milhões de pessoas. A cheia do rio Cumberland alagou o estacionamento de ônibus, a unidade de manutenção e os escritórios do sistema de transporte de Nashville. Ondas de calor em Nova Jersey e em Los Angeles distenderam as linhas catenárias aéreas e desorganizaram o abastecimento elétrico aos veículos. Durante uma onda de calor na Costa Leste, o metrô de Washington e o sistema de Boston apresentaram ondulações nos trilhos provocando a redução da velocidade e obrigando à retirada e substituição de amplas seções dos trilhos. Sistemas eletrônicos de controle e arrecadação em Portland ficaram superaquecidos [...]. Há quatro grandes categorias de estratégias de adaptação: manutenção e gestão, fortalecimento e proteção, aumento da redundância e abandono da infraestrutura em áreas extremamente vulneráveis. As estratégias de resposta a inundações incluem retirar os veículos e outros ativos para longe da área de dano, prevenir a entrada da água, melhoria no sistema de drenagem e limpeza de lixo, aumento da capacidade de bombeamento, fortalecimento e elevação de pontes. A captura de água de chuva com abordagem ecossistêmica natural reduz as enchentes: o novo sistema BRT da cidade de Kansas inclui jardins para coleta de água de chuva, e o prédio principal do sistema de São Francisco possui um teto verde. Estratégias para responder a ondas de calor incluem abrigos sombreados, sistema eficiente de ar-condicionado, uso de materiais resistentes ao ou que reflitam o calor e ainda planos de resistência ao calor para a segurança dos passageiros e dos funcionários. Durante eventos climáticos extremos a comunicação eficaz com os usuários pode gerenciar as expectativas, fornecer informações críticas sobre a segurança e possibilitar aos viajantes que ajustem suas programações. Algumas estratégias de adaptação poderão se pagar e gerar muitos benefícios mesmo sem os impactos climáticos previstos. (FTA, 2011, pp. 1-3)

Além dessas considerações sobre estratégias de adaptação, o DOT também se preocupa de forma mais ampla com as possibilidades de mitigação. O quadro 2 ilustra diversas linhas de política possíveis e evidencia a distância entre as preocupações vigentes entre as autoridades dos Estados Unidos e as brasileiras. Noutras partes do texto, já se viu que também autoridades europeias e asiáticas tratam o tema com bem mais profundidade e seriedade do que as brasileiras, como se alagamentos, inundações e interrupções do tráfego durante os meses de chuva fossem eventos desconhecidos no Brasil.

Quadro 2. Estratégias para reduzir emissões no transporte

Precificação	• Cobrar dos motoristas por milha viajada.
	• Aplicar pedágios em estradas interestaduais e outras de acesso limitado.
	• Converter a cobrança do seguro veicular para um sistema baseado nas milhas percorridas, e não no sistema atual de custo fixo.
	• Cobrar pelo uso das vias quando congestionadas para reduzir o tráfego.
	• Cobrar pela entrada de veículos em certas áreas, como o centro da cidade.

Viagens por transporte público, não motorizado e intermodal	• Expandir, promover e melhorar o nível de serviço do transporte público mediante aumento da sua cobertura espacial e frequência temporal, entre outros. • Ampliar serviços de trem e ônibus entre cidades em corredores de até 500 milhas de distância. • Investimentos em infraestrutura para transporte não motorizado; no caso de bicicleta e caminhar, apoio a sistemas como bicicletários, programas educacionais para encorajar o uso de bicicletas e o caminhar. • Melhorar a intermodalidade para passageiros: coordenar a infraestrutura e os serviços de maneira a minimizar os custos para os passageiros em termos de tempo e gasto.
Uso do solo e estacionamento	• Coordenação no planejamento regional do transporte e do uso do solo para desenvolver e implantar políticas de crescimento (por exemplo, zoneamento para obter comunidades compactas e acessíveis a pé, em conjunto com investimentos de apoio para reduzir as viagens por veículos). • Mudanças na oferta de vagas de estacionamento, em sua precificação e outras técnicas de gestão, para criar desincentivos para o dirigir.
Redução das viagens diárias casa-trabalho	• Exigências para que os empregadores promovam a redução das viagens individuais de seus trabalhadores ou criem mecanismos de incentivos para que eles reduzam tais viagens. • Teletrabalho: incentivar a prática de trabalhar longe do local usual por meio do uso de tecnologias de comunicação e computação. • Semana de trabalho reduzida: montar sistemas escalonados tais que permitam que as horas usualmente trabalhadas o sejam em menos dias. • Esquemas de trabalho flexíveis: os empregadores poderiam facilitar esquemas alternativos aos horários usuais de 9 às 17 horas. • Programas que possibilitem o compartilhamento e o aumento da taxa de ocupação dos veículos.

Programas de informação ao público	• Informação sobre opções de viagens: amplo programa de *marketing* para informar ao público as opções de viagens e as consequências de suas escolhas. • Informação para a compra do veículo: destinada a influenciar as decisões de compra dos consumidores suprindo-os de informações completas sobre os impactos ambientais e de custo de cada veículo. • Educação para uma direção mais ecológica: programas educacionais destinados a aumentar a eficiência do veículo relativos tanto ao comportamento do motorista quanto à manutenção.

Fonte: US Department of Transportation (2010).

A LEI DA MOBILIDADE URBANA: ESPERANÇAS INFUNDADAS

Os custos e dissabores incorridos pelos brasileiros em sua mobilidade cotidiana são tão elevados, como já visto, que a Lei nº 12.587, de 3 de janeiro de 2012, que instituiu a Política Nacional de Mobilidade Urbana após longos anos de tramitação no Congresso Nacional, foi recebida com esperança de trazer melhorias e tem sido saudada por muitos analistas. As esperanças manifestadas, porém, parecem infundadas. A lei também não permite otimismo no que diz respeito à construção de mobilidade urbana menos agressiva ao meio ambiente.

Para que uma lei alcance seus objetivos, ela deve ter quatro características. As três primeiras, em linguagem figurada porém simples, clara e direta, são: garras, dentes e lábios. A Lei nº 12.587 não apresenta nenhuma das três, senão de maneira tímida e de difícil aplicação. Não obstante há nela uma abertura que possibilita, mas não garante, alterar a histórica e nefasta prioridade que tem recebido, no Brasil, o transporte individual sobre o coletivo.

Esclarecendo a imagem: a ideia das "garras da lei" significa que a norma deve diferenciar com clareza os comportamentos coerentes daqueles contrários a ela; os dentes se referem a instrumentos para "morder" ou apenar quem não a cumprir; os lábios significam que a lei deve conter incentivos – "beijos" – para motivar um comportamento das pessoas que permita alcançar os objetivos expressos. Tanto as garras quanto os dentes podem ferir mais ou menos, assim como os lábios podem dar beijos mais ou menos estimulantes. A quarta característica necessária para que a lei alcance seus propósitos é que as três primeiras estejam alinhadas e coerentes com seus objetivos.

É parte da visão do economista a noção de que as pessoas respondem a incentivos, positivos e negativos, e é essa a abordagem na presente avaliação da Lei nº 12.587, ou Lei da Mobilidade Urbana (LMU). Embora clara em suas diretrizes e em seus objetivos, estes dificilmente serão alcançados, uma vez que a norma deixou de estabelecer incentivos e punições para induzir comportamentos no sentido almejado.

Entre as diretrizes da LMU – artigo 6º, I e II –, encontram-se a integração entre o transporte urbano e o uso do solo, a prioridade do serviço de transporte público coletivo sobre o individual e do não motorizado sobre o motorizado. Também a "mitigação" dos custos ambientais, sociais e econômicos do deslocamento de pessoas e cargas nas cidades, a redução das desigualdades e promoção da inclusão social e o acesso aos serviços e equipamentos sociais são objetivos da norma.

É nesses objetivos que há abertura para a mencionada reversão da tradicional prioridade concedida ao transporte privado sobre o público, no Brasil. A auspiciosa menção à integração entre o uso do solo e o transporte urbano também é bem-vinda, porém tais aberturas não são sustentadas por mecanismos concretos de incentivos, positivos e negativos, que possam transformá-las em políticas públicas efetivas.

Revelando a permanência de práticas antigas da nossa tradição bacharelesca, a LMU chega a ser retórica. Exemplo disso é o inciso VII do artigo 5º, que diz ser um dos princípios da norma a "justa distribuição dos benefícios e ônus decorrentes do uso dos diferentes modos e serviços". Mesmo supondo-se que a difícil questão de definir claramente o que vem a ser a "justa distribuição" fique resolvida, restam as indagações: como identificar os ônus e benefícios do uso dos diferentes modos e serviços? Como desenhar e implantar uma política pública que promova justa distribuição? A LMU não propõe instrumentos que viabilizem tal desiderato.

Como se sabe, e já discutido em capítulos anteriores, a "forma urbana", ou o uso do solo, tem papel central nas condições de mobilidade urbana. Assim, a LMU acerta ao se referir à integração entre o transporte urbano e o uso do solo. No entanto, é necessário analisar como a questão é tratada na norma em questão.

Na LMU, as referências à integração entre o transporte urbano e o uso do solo são limitadas. Ocorrem no artigo 1º, ao se classificar a Política Nacional de Mobilidade Urbana (PNMU) como instrumento do desenvolvimento urbano; no artigo 2º, em que se diz que a PNMU é instrumento que deve contribuir para o alcance dos objetivos de desenvolvimento urbano; e por duas vezes no artigo 6º, primeiro ao se dizer que a PNMU deve ser caracterizada pela integração com a política de desenvolvimento urbano e, segundo, ao se registrar que deve haver prioridade para projetos de transporte coletivo estruturadores do território e indutores do desenvolvimento urbano integrado. Essas referências à necessária integração situam-se, porém, no campo de princípios e desejos, deixando a norma de estabelecer, para voltar à imagem inicial, garras, dentes e lábios.

Pode-se argumentar que a LMU determina a elaboração de planos de mobilidade urbana para municípios com mais de 20 mil habitantes, nos quais a integração entre uso do solo e transporte deverá ser considerada. A afirmação, porém, revela um otimismo que desconsidera a experiência histórica brasileira, que vem pelo menos desde os tempos do extinto Serviço Federal de Habitação e Urbanismo (Serfhau), nas décadas de 1960 e 1970. À época, para que os municípios obtivessem acesso aos recursos do também finado Banco Nacional de Habitação (BNH), era-lhes exigida a elaboração prévia de Planos de Desenvolvimento Urbano; muitos prefeitos consideraram tal exigência burocrática e "compraram" planos de outros municípios para reproduzi-los mimeticamente, até mesmo sem considerar as especificidades locais. Nada há, na LMU, que sugira que, desta vez, haverá comportamento distinto. Na realidade, um dos principais impactos da exigência da elaboração de planos diretores é a criação de um mercado de venda de "planos" por empresas de consultoria.

Ainda sobre planos diretores, vale destacar a análise de Villaça:

> (…) as propostas do plano diretor são de duas categorias: aquelas que cabem à prefeitura executar [obras, serviços e medidas administrativas] e aquelas que cabem ao setor privado obedecer (o controle do uso e ocupação do solo, principalmente o zoneamento). As primeiras não têm qualquer validade ou efeito. São mero cardápio. Cada prefeito pode escolher (caso tome conhecimento delas) se quer ou não executá-las. Não são – nem podem ser – impositivas a qualquer prefeito. As segundas, ao contrário, são compulsórias, são lei, e como tal têm de ser cumpridas por todos. Só que elas dizem respeito aos problemas

e interesses de uma pequena minoria da população e a uma minúscula parcela da cidade. (Villaça, 2005, p. 91)

O mesmo Villaça (2005, p. 2) cita Singer, que diz: "Os planos diretores fracassaram não só em São Paulo, mas em todo o Brasil e na América Latina. Fracassaram não só porque eram falhos, mas porque tomaram os desejos por realidade".

Importante registrar que os comentários acima não são uma crítica aos planos diretores ou a planos de mobilidade. Certamente que "planejar a cidade" é fundamental e constitui instrumento utilizado em diversos países, com maior ou menor sucesso. No entanto, a exigência de elaboração de planos cuja implantação e obediência dependem da "vontade" do prefeito não nos parece razão suficiente para otimismo quanto à capacidade da LMU de contribuir, de fato, para o equacionamento da questão da mobilidade urbana no Brasil.

A exigência desses planos de mobilidade urbana para municípios com mais de 20 mil habitantes foi saudada por diversos analistas, mesmo porque consideraram que, até a edição da LMU, tais planos eram devidos apenas pelos municípios com população superior a 500 mil.[1] A LMU prevê ainda, como consta do parágrafo 4º do artigo 24 – de maneira

---

[1] Essa afirmação é questionável: o artigo 182 da Constituição Federal, em seu parágrafo 1º, diz ser obrigatório o plano diretor para municípios com mais de 20 mil habitantes; ora, não se pode conceber um plano diretor que não inclua um plano de mobilidade.

similar à exigência efetuada pelo citado Serfhau – que, caso inexista o plano, após três anos da entrada em vigor da lei, o município ficará "impedido de receber recursos orçamentários federais destinados à mobilidade urbana até que atenda à exigência da Lei" (Parágrafo 40, Inciso XI, do artigo 24 da LMU).

Mais uma vez, louvar tal exigência, ou mesmo crer que ela será instrumento de ordenamento "adequado" do uso do solo e, por via de consequência, da melhoria das condições de mobilidade, é desconhecer a realidade brasileira, tantos são os "planos" já elaborados e jamais implantados.

Vale lembrar que o plano diretor do município de São Paulo, de 2002, previa a construção de terminais e de 300 quilômetros de corredores de ônibus, além da implantação do bilhete único para uso nos diversos modais; até recentemente, quatorze anos mais tarde, só o bilhete único era realidade, e, após as manifestações populares de junho de 2013, a prefeitura local passou, de fato, a implantar os corredores, com expressivos resultados em termos da elevação da velocidade operacional da frota de ônibus.

Por outro lado, carece de força a previsão de que o município ficará impedido de receber recursos orçamentários federais caso não tenha o seu plano de mobilidade, pois é muito difícil, para os municípios médios e menores, receber recurso orçamentário federal destinado à mobilidade urbana. Veja-se:

Poucos municípios têm sido efetivamente beneficiados pelo recebimento de recursos orçamentários federais destinados à mobilidade urbana. Considerando apenas os investimentos federais realizados entre 2006 e 2010, por exemplo, apenas 4% dos municípios brasileiros receberam recursos [e] 94% desse valor investido concentrou-se em apenas 15 cidades com mais de 1 milhão de habitantes. [...] Mesmo entre os municípios que receberam recursos, a maioria destes (84%) foram investidos no âmbito da CBTU e Trensurb. Ou seja, por empresas federais, cujos recursos não são considerados como repasses orçamentários federais aos municípios. A condicionalidade também não afetaria ações de financiamento do Governo Federal já que elas são classificadas *stricto sensu* como ações não orçamentárias, e a condicionalidade se restringe apenas aos recursos orçamentários federais destinados à mobilidade urbana. Por último, os municípios com menos de 500 mil habitantes recebem, em média, poucos recursos. De todos os 5.527 municípios abaixo de 500 mil habitantes, apenas 163 receberam investimentos. Desses, metade recebeu investimentos menores do que R$ 160 mil entre 2006 e 2010, o que configura valores muito baixos, em se tratando de investimentos em transporte urbano. (Ipea, 2012, p. 5)

Assim, a experiência dos prefeitos tende a levá-los a *não preparar* projetos de investimentos em mobilidade urbana, já que a obtenção de recursos federais depende de articulações políticas, e não da qualidade dos projetos. Projetos executivos custam algo da ordem de 3% a 8% do custo total de uma grande obra. Os prefeitos não têm recursos para elaborar 35 projetos executivos para conseguir recursos para um deles.

Essa é, de acordo com os dados anteriores, a probabilidade estatística de um prefeito de cidade média ou pequena conseguir recurso. Com tão alto risco, ele prefere não elaborar projetos executivos e usar os parcos recursos em algo mais "visível" por seus eleitores.

Há, assim, uma explicação de ordem política e histórica para a alegada falta de projetos, com a qual o Ministério das Cidades critica as administrações municipais e justifica-se pela não aplicação de recursos orçamentários supostamente disponíveis.[2]

Essa imprevisibilidade da obtenção de recursos do Governo Federal para aplicação em obras de mobilidade urbana tem impactos sobre o investimento dos demais níveis de governo e restringe o investimento privado: como o governo não dá sinais sobre os rumos de seu próprio projeto e não exerce uma coordenação nacional, as empresas têm dificuldade de se preparar para atuar em conjunto ou de maneira complementar ao investimento púbico.[3] A propósito, vale comparar o imprevisível processo brasileiro com a maneira

---

[2] Ver, a respeito, exposições de representantes do Ministério das Cidades no 19º Congresso Brasileiro de Mobilidade e Trânsito, realizado em Brasília, de 8 a 10 de outubro de 2013. Disponível em: http://www.antp.org.br/website/hotsite/default.asp?pctCode=32377618-EF17-48E6-86BE-3739FF30589B&ppgCode=6A8FEA02-CA6C-47D2-8CEB-7180CE9E0E61. Acesso em 14 abril. 2014.

[3] A existência de uma diretriz nacional confiável possibilita o surgimento de atividades para atender às demandas decorrentes; sem tal coordenação, a dispersão e imprevisibilidade dos investimentos públicos dificulta que as empresas se preparem para atender às demandas decorrentes desses investimentos.

como são distribuídos fundos federais nos Estados Unidos. Comparando as situações de Brasil, Índia e México, Tsai e Herrmann comentam o seguinte, para em seguida informarem sobre os critérios vigentes nos Estados Unidos:

> Apesar dos fundamentos da política nacional para promover o transporte sustentável, cada um dos [três] países enfrenta, por diversas razões, dois desapontamentos primários. Primeiro, eles convivem com defasagens na liberação dos fundos ou, pior, os fundos são desperdiçados em projetos de baixa qualidade ou de pequena contribuição à sustentabilidade. Segundo, todos os três países se debatem com baixa ou vagarosa implantação de projetos.[4] [...] Nos EUA os governos regionais e locais recebem fundos federais de três maneiras. São providos diretamente às áreas urbanas por meio de transferências federais por meio de *fórmulas*. Também recebem fundos de maneira indireta, por meio de transferências baseadas em *fórmulas* para uso em estradas estaduais e pontes em áreas urbanas. Esses fundos podem ser transferidos – ou "flexibilizados" – para projetos referentes ao trânsito em algumas circunstâncias. Por fim, fundos são fornecidos por meio de transferências federais distribuídas com base em *processos competitivos* em razão do alinhamento do projeto com os objetivos nacionais. Há ainda outros programas federais distribuídos mediante *fórmulas* aos governos estaduais que os repassam aos governos locais por meio de *concessões competitivas* e se destinam, principalmente, a projetos que não se referem a estradas, mas à segurança, ciclovias, estações

---

[4] A observação, ao envolver três países, sugere que a questão não se refere apenas à incapacidade dos governos locais, mas que poderia se originar de outra fonte, ligada à estrutura política dessas nações.

de trem e outros chamados de transporte alternativo. (Tsai e Herrmann, 2013, pp. 56-57, grifos nossos)

O capítulo II da LMU trata da regulação do Serviço de Transporte Público Coletivo (STPC) e define diretrizes da política tarifária, inclusive modicidade tarifária[5] e promoção de equidade, entre outros. Outros artigos desse capítulo repetem características necessárias aos contratos celebrados entre o poder público e concessionário ou permissionário de serviços públicos, tais como outorga após processo licitatório, revisões e reajustes periódicos estabelecidos no edital e no contrato administrativo. Nesse aspecto, portanto, parecem supérfluos.

Já o parágrafo 11 do artigo 9º estabelece que: "O operador do serviço, por sua conta e risco *e sob anuência do poder público*, poderá realizar descontos nas tarifas ao usuário, inclusive de caráter sazonal, sem que isso possa gerar qualquer direito à solicitação de revisão da tarifa de remuneração". O grifo destaca que a oferta de desconto nas tarifas por parte dos operadores deverá ser precedida de anuência do poder público. Isso, além de restringir a concorrência entre operadores – por tornar mais difícil exercê-la mediante diferenciais tarifários –, pode dificultar a prática de oferecer descontos, pois retira dos operadores a autonomia para defini-los. Destaque-se, a propósito, que a prática de oferecer

---

[5] Esse princípio está expresso no artigo 6º da Lei nº 8987, de 13 de fevereiro de 1995, ou Lei das Concessões, e sua menção na LMU é, pois, desnecessária.

descontos sobre as tarifas para induzir o uso do transporte coletivo fora dos horários de pico, por exemplo, ou para outros propósitos, é largamente utilizada em muitas cidades de outros países. Lembrem-se, também, das referências anteriores que caracterizam o serviço de transporte público brasileiro como "mercados fechados".

O capítulo III trata dos direitos dos usuários. Entre eles, o de "ser informado nos pontos de embarque e desembarque de passageiros, de forma gratuita e acessível, sobre itinerários, horários, tarifas dos serviços e modos de interação com outros modais". Decorridos já dois anos da vigência da norma, são raros ou raríssimos os municípios onde tais informações encontram-se disponíveis. Além disso, a norma se cala com relação à responsabilidade pelo fornecimento dessas informações, assim como com relação a quais seriam as punições pelo seu não cumprimento, ou os incentivos pela sua obediência.

Há inúmeros outros aspectos que poderiam ser mencionados; por exemplo, os mecanismos de "participação da sociedade civil no planejamento, fiscalização e avaliação da política nacional de mobilidade urbana" são formais e parecem confundir "democracia" com "audiência pública", "participação em colegiados" com "efetiva influência" sobre estes.

Um ponto curioso da LMU é seu capítulo IV, que estabelece as atribuições da União, dos estados e dos municípios e a possibilidade da adoção de incentivos financeiros e fiscais para implantação dos princípios estabelecidos. Aqui, cabe destacar que tal atribuição, no tocante à União, foi vetada, embora mantida para estados e municípios.

A argumentação usada pela presidente da República para explicar as razões do veto se mostra frágil. Dizia o dispositivo vetado – inciso V do artigo 16 – que seria atribuição da União "adotar incentivos financeiros e fiscais para a implementação dos princípios e diretrizes desta Lei". Ou seja, a LMU não criava tais incentivos, apenas possibilitava que viessem a ser criados. Não obstante, disse a presidente da República que o Ministério da Fazenda sugeriu tal veto uma vez que "não cabe estabelecer benefícios financeiros e fiscais por meio de normas programáticas genéricas, tendo em vista o disposto no § 6º do art. 150 da Constituição". A fragilidade da argumentação se destaca ainda mais pelo fato de tal possibilidade ter sido mantida para estados e municípios, como estabelecem os artigos seguintes da LMU.

Outro ponto da norma que recebeu destaque e elogios é o artigo 23, III, que diz:

> Art. 23. Os entes federativos poderão utilizar, dentre outros instrumentos de gestão do sistema de transporte e da mobilidade urbana, os seguintes:
>
> [...]
>
> III - aplicação de tributos sobre modos e serviços de transporte urbano pela utilização da infraestrutura urbana, visando a desestimular o uso de determinados modos e serviços de mobilidade, *vinculando-se a receita à aplicação exclusiva em*

infraestrutura urbana destinada ao transporte público coletivo e ao transporte não motorizado e no financiamento do subsídio público da tarifa de transporte público, na forma da lei. (Presidência da República, Casa Civil, 2012, grifo nosso)

O dispositivo foi compreendido como abertura para a instituição do chamado "pedágio urbano", como existente em Cingapura, Londres e outras cidades. Não obstante, há sérias dúvidas quanto à constitucionalidade dessa previsão legal. Garofano (2012), por exemplo, argumenta que a cobrança não pode ser caracterizada como "pedágio", uma vez que a Constituição Federal é clara ao dizer que tal instrumento jurídico exige a contraprestação de determinado serviço pelo ente público ou concessionário/permissionário. Como a referida cobrança se daria, nos termos da lei, "pela utilização da infraestrutura urbana e para desestimular determinados modos e serviços de mobilidade", tratar-se-ia, na realidade, de um imposto. Por outro lado, a Constituição também prevê – no artigo 154, I – que compete exclusivamente à União a criação de impostos e que tal criação apenas pode ocorrer mediante lei complementar. Ademais, a LMU estabelece – como destacado na citação acima, do artigo relevante – a vinculação das receitas para aplicação no transporte urbano, enquanto a Constituição proíbe expressamente, em seu artigo 167, IV, a vinculação de receitas.

Não cabem, no presente texto, maiores aprofundamentos sobre a questão jurídica. Aqui, basta assinalar a

MEIO AMBIENTE & MOBILIDADE URBANA

possibilidade de questionamento de uma eventual instituição de tal tributo por município ou estado para concluir que, também nesse aspecto, a LMU pode não corresponder às esperanças.

Por fim, no que diz respeito à questão ambiental, a LMU é quase completamente silente, exceto por declarações de princípios, desejos e intenções.

Certamente que as propostas de priorizar o transporte não motorizado sobre o motorizado e o coletivo sobre o individual, caso implantadas, teriam importante impacto sobre a qualidade do ambiente e da mobilidade urbana. É essa abertura o ponto positivo da LMU. Como se analisou, porém, vê-se que a norma não apresenta perspectivas muito favoráveis de alcançar seus objetivos. Pode-se concluir, portanto, que, salvo alterações substanciais na lei de forma a realmente dar-lhe garras, dentes e lábios, na direção e na proporção "adequadas" – o que depende de alteração profunda na distribuição do poder político no país, para que tais modificações possam prosperar no Congresso Nacional –, teremos, nas próximas décadas, a continuidade do agravamento das condições de mobilidade urbana nas grandes e médias cidades brasileiras.

CONCLUSÃO

MOBILIDADE URBANA: UM DIFÍCIL FUTURO

O futuro da mobilidade, e de tudo o mais, se constrói sobre as heranças físicas, institucionais e culturais da história e depende dos bilhões de decisões tomadas no cotidiano, nos planos individual e coletivo. No plano individual, o que comprar, o que e como produzir, como se mover, o que descartar, etc.; no coletivo, quais atividades incentivar ou não, quais custos internalizar, a quais investimentos públicos dar prioridade, etc. Assim, embora condicionados pelo passado, há vários futuros possíveis, a depender das decisões tomadas por indivíduos e coletividades. Privilegiar a acessibilidade no que se refere à mobilidade é perspectiva que ajuda a construir um futuro "melhor". Buscar maneiras de transformar as cidades para reduzir a necessidade de movimentação e, ao mesmo tempo, ampliar a acessibilidade é desafio urgente e, como dito anteriormente, de proporções épicas. Devem-se, portanto, retomar os conceitos de mobilidade e acessibilidade.

Até aqui, tratou-se do que se pode chamar de "mobilidade horizontal", ainda que eventualmente efetuada por aviões e helicópteros. Sempre, neste texto, tratou-se da mobilidade entre os pontos A e B do limitado espaço da biosfera, que a ação humana está progressivamente tornando inabitável, serrando o galho em que se assenta. Nas áreas urbanas e rurais, os desastres usualmente anunciados como "naturais", mas em grande parte causados pelo ser humano ao não levar em consideração as exigências ambientais e os limites impostos pelos ecossistemas, são vistos por todos que possuem acesso a TV ou internet. Essa mobilidade horizontal é responsável por quase um quarto da emissão de gases de efeito estufa, além de gerar outras formas de poluição: impermeabilização do solo – já se disse que *o asfalto é a última colheita da terra* –; acidentes; estresse; peso nos cofres públicos, seja em investimentos em mobilidade, ou em subsídios, ou em gastos com a saúde para tratar doenças causadas pela poluição.

A forma como têm se dado o parcelamento e a ocupação do solo nas cidades brasileiras, e sua transformação de um uso para outro, é um dos fatores determinantes dessa situação e é incompatível com a construção de uma mobilidade sustentável e de uma sociedade melhor.[1]

A construção dessa sociedade melhor exige que se considere também outro aspecto da mobilidade, que podemos chamar de "mobilidade vertical".

Esse seria um indicador da facilidade de mobilidade social, para cima e para baixo. Indicaria também o acesso às benesses proporcionadas pela sociedade e mostraria o fosso existente. Em ambos os critérios da mobilidade, quanto maior é a distância entre os pontos extremos A e B, mais difícil é vencê-la; considerada a dimensão vertical, o Brasil está entre os campeões. Sobre a questão de indicadores, é essencial relegar ao terceiro ou quarto plano a busca pelo crescimento do PIB, substituindo-a pela busca de melhor qualidade de vida, aferida por indicadores bem mais complexos do que a proporção da população que dispõe de TV, automóvel ou outro bem de consumo. Como se viu, o *maior* número de automóveis por mil habitantes, considerado "indicador" de desenvolvimento e muito usado até recentemente, e ainda hoje usado em alguns lugares por algumas pessoas, começa a se transformar

---

[1] É difícil e controverso definir exatamente o que vem a ser uma "sociedade melhor". No entanto, as definições existentes incluem sempre ter *acesso* a uma vida mais saudável, mais tempo para ter *acesso* e conviver com amigos e família, *acesso* a comida, *acesso* a lazer, maior facilidade de *acesso* a empregos e aos destinos desejados, *acesso* à segurança e à justiça públicas, *acesso* aos benefícios do estudo, da ciência, etc. *Acesso, acesso, acesso e acesso*: a questão de facilitar os *acessos*, mais ainda do que a mobilidade, é central.

em seu oposto, destacando-se a busca por menos carros por mil habitantes.

A propósito dessa questão de indicadores, há sugestões de diversas alternativas ao PIB. Fruto de grande esforço das Nações Unidas, o Indicador de Desenvolvimento Humano (IDH) é um dos mais considerados, por incluir aspectos como expectativa de vida, desempenho educacional e renda. Sua criação e atualização regular é sem dúvida uma contribuição importante. O IDH, porém, não mede a mobilidade, a acessibilidade ou a sustentabilidade, aspectos fundamentais da qualidade de vida.

Uma ideia que orienta a presente discussão é a de que melhorias substanciais na mobilidade horizontal, assim como sua transformação em um processo menos danoso ou, preferivelmente, benéfico ao ambiente, dependem e andam de mãos dadas com a redução das distâncias na mobilidade vertical. A depender da solução adotada, melhorias numa significam melhorias na outra, o que indica que esses processos não são antagônicos.

Argumentou-se, acima, que chega a ser um equívoco a construção de metrôs nas grandes cidades brasileiras. Não que esses equipamentos não contribuam para a mobilidade; claro que sim. O argumento baseia-se em que, dadas as carências existentes nas áreas de saúde, educação, segurança, etc., o metrô é caro demais. A opção BRT, que pode chegar a custar dez vezes menos por quilômetro do que o metrô, é preferível, pois ampliaria a disponibilidade de recursos para tentar equacionar as demais carências. Mostrou-se acima que construir 500 quilômetros de metrôs no Brasil – uma meta inviável em razão da escassez de recursos – sem dúvida melhoraria a mobilidade, porém apenas marginalmente; esses quilômetros não seriam suficientes para efetuar a transformação necessária para dar aos brasileiros uma realidade e uma percepção de conforto e acesso. Isso, nem mesmo considerando-se apenas a questão da mobilidade horizontal, quanto mais uma sociedade melhor. O mesmo volume de recursos poderia implantar 5 mil quilômetros de BRTs. Essa quantidade certamente traria grande transformação e melhoria de acesso à maioria dos brasileiros urbanos, provavelmente induzindo um rápido deslocamento das movimentações da população em direção aos modais coletivos, com a redução da importância do veículo individual.

Para explorar um pouco mais a possibilidade, poderiam ser feitos 500 quilômetros em cada uma das duas maiores regiões metropolitanas – que passariam a ter uma "malha" de transporte de alta capacidade ainda maior do que as disponíveis em Londres ou Paris –, e ainda ter-se-iam 4 mil quilômetros para "distribuir" entre as demais cidades, bem menores; o "ganho" relativamente à situação atual seria enorme. Ainda um "passinho à frente" na consideração dessa possibilidade: pelo fato de o BRT ter menor capacidade do que o metrô em termos da quantidade de pessoas por hora por sentido, as regiões nas quais a demanda fosse maior do que a capacidade do BRT poderiam ser objeto de programas específicos de alteração do uso do solo, de forma a reduzir a demanda por mobilidade ali originada ou para lá destinada.

Não obstante o claro e grande potencial, a proposta de construir 5 mil quilômetros de BRT nas grandes cidades brasileiras seria um erro. Primeiro, porque, como dito acima, soluções simples para problemas complexos são equivocadas. Segundo, porque erra ao definir o objetivo. A meta correta é dar aos brasileiros mais conforto e acesso nas mobilidades horizontal e vertical; tentar obter esse resultado por meio de uma "febre" de construção de BRTs é que seria o equívoco. Afinal, não se devem transferir para os BRTs os equívocos presentes nas ciclovias que têm sido (mal) construídas no Brasil, como se comentou anteriormente. Além disso, é questionável se haveria recursos para construir tantos quilômetros de BRT sem adiar, ainda mais, o atendimento a outras demandas igualmente urgentes.

Agregue-se ainda que, como cada cidade é diferente, esse sistema pode não ser adequado para muitas delas. Por outro lado, o fato de que o sistema pode sim ser adequado para muitas cidades deveria ser suficiente para que existissem mecanismos automáticos, previsíveis, de conhecimento público, que dessem às prefeituras *acesso* claro e transparente a apoio financeiro, técnico, organizacional, etc., oriundos dos níveis estadual, federal e mesmo internacional. Hoje, como se viu, é pífia a possibilidade de um prefeito obter apoio mediante um projeto bem elaborado, sustentável e adequado: essa parceria depende mais de critérios e alianças que visam a gerar recursos políticos – dinheiro, poder, visibilidade, etc. – para tentar vencer as próximas eleições, conforme amplamente evidenciado, inclusive na análise do PSTM.

Como reconhecem os autores desse PSTM, a maioria dos projetos escolhidos e apoiados financeiramente pelo Governo Federal e alguns estaduais – vale dizer, projetos que receberam quantias expressivas de dinheiro retirado do público pelos governos – sequer apresentava uma estimativa da quantidade de passageiros a ser transportada, nem mesmo a quilometragem total a ser percorrida pelos veículos que prestarão o serviço de transporte.[2] A falha é semelhante, talvez, à projeção de uma garagem sem que se saiba o tipo e a quantidade de veículos que deverão usá-la. Ainda assim, recursos públicos foram destinados a esses projetos.

Assim, por maior que seja a contribuição possível de uma ampla rede de BRTs, concentrar esforços nessa "solução" não é suficiente. Mesmo porque melhorias substanciais na mobilidade e na acessibilidade não dependem apenas de

---

[2] Não basta, evidentemente, apresentar uma estimativa; é necessário que esta seja cuidadosamente construída e criticada. Afinal, são muitos os exemplos de "estimativas" elaboradas com o objetivo de aumentar a probabilidade de se conseguirem recursos públicos para executar o projeto, "produzidas" por aqueles que pretendem se beneficiar não com o funcionamento do equipamento após construído, mas sim com a sua implantação: financiadores, construtores, lobistas e outros.

escolher a tecnologia mais adequada; dependem da adequação às distintas realidades.

Como se viu, é elevada a participação da bicicleta como meio de locomoção tanto nas grandes quanto nas médias e pequenas cidades brasileiras; no entanto, não existe uma política nacional, dotada de incentivos positivos e negativos, para ampliar ainda mais o uso desse meio de transporte. É urgente alterar essa situação.

São necessárias também diversas mudanças institucionais, que abram possibilidades críveis e multifacetadas de se construírem, progressivamente, as soluções. O caso, de amplo conhecimento público e presença frequente na imprensa nos meses finais de 2013, da investigação, em São Paulo e no Distrito Federal, de possíveis cartéis e pagamento de comissões a autoridades referentes à construção dos respectivos metrôs não é único no país. Casos análogos não se limitam a empresas gigantescas, como evidenciam centenas de condenações – em várias instâncias judiciais, embora raramente "transitadas em julgado" – de autoridades e empresários "associados", em municípios de todo o país. A quantidade de obras inconclusas paralisadas e abandonadas, espalhadas por todo o Brasil, pode ser indício claro de que os "benefícios" mais importantes que motivaram sua construção já terão sido apropriados por fornecedores, lobistas e outros, ainda que o equipamento público, inconcluso, não possa cumprir suas funções.[3] A conquista da mobilidade ampla, sustentável e confortável passa, necessariamente, por transformações que reduzam a ação dessa complexa "instituição".

Também será necessário alterar várias outras práticas erguidas a partir da lógica do quebra-molas. Viu-se que a colocação de um quebra-molas é reivindicação e prática generalizada para evitar atropelamentos e necessária, já que a alternativa – a devida sinalização da via e a educação dos motoristas, que deveriam se limitar à velocidade máxima permitida – parece inalcançável. Não obstante, a construção dessa pequena infraestrutura de transporte pune não só o transgressor mas toda a sociedade e, assim, impede ou dificulta a necessária mudança de comportamento. É preciso, pois, romper com essa lógica e alterar o funcionamento das instituições que a praticam. Hoje, os proprietários de automóvel estão de fato recebendo um subsídio quando estacionam gratuitamente em via pública, pois no estacionamento pago mais próximo o custo seria muito mais alto. Não cobrar pelo estacionamento em vias públicas, principalmente naquelas onde a ocupação de uma pista atravanca o trânsito, corresponde a conceder a alguns proprietários de carros, e de estacionamentos, um subsídio que poderia ser aplicado em, digamos, melhoria do transporte coletivo e na construção de um processo de

---

[3] Esse, digamos, "critério enviesado de decisão para contratação" de uma obra certamente não é o único responsável por tantas estarem abandonadas. As evidências, porém, sugerem que este é um dos fatores importantes.

ocupação do solo que demandasse menos transporte e oferecesse melhor qualidade de vida nos vários bairros das cidades.

Como transformar esse subsídio hoje dado aos que dificultam a mobilidade geral e, com isso, agravam a qualidade do ar e ajudam a provocar as mudanças climáticas em fontes de recursos para melhorar a acessibilidade de todos e garantir que o uso desses recursos seja transparente, tanto na escolha dos investimentos quanto na lisura dos processos? Como se viu, no caso de São Paulo, há dúvidas fundadas acerca da correta utilização do potencial do instrumento; correta, no caso, significa que contribui simultaneamente para maior acessibilidade vertical e menor e mais sustentável mobilidade horizontal, em benefício da acessibilidade. Essas instituições, portanto, também devem ser alteradas.

A lista, longa, continua, mas aqui se destaca apenas mais um ponto, após a apresentação do importante conceito de normose.

> Normose é o conjunto de normas, conceitos, valores, estereótipos, hábitos de pensar ou agir aprovados por um consenso ou pela maioria de uma determinada população e que leva a sofrimentos, doenças ou mortes, em outras palavras, que são patogênicos ou letais, e são executados sem que os seus atores tenham consciência desta natureza patológica, isto é, são de natureza inconsciente. As normoses são estágios ainda não percebidos pela sociedade como doenças, tais como as neuroses ou psicoses. (Weil, Leloup e Crema *apud* Ribeiro, 2013, p. 130)

A perspectiva de colapso da civilização, que tende a gerar sofrimento humano muito maior e mais amplo do que qualquer das guerras já havidas, poderá forçar o ser humano, em razão dos instintos de segurança e sobrevivência, a superar as normoses e desenvolver uma nova maneira de ver o mundo, uma nova consciência, integradora dos humanos entre si e destes com o universo,

> conforme a visão da sustentabilidade recíproca: o ser humano sustenta a natureza e, por sua vez, o mundo natural sustenta o ser humano. Na Era Ecológica, a Terra é a unidade política básica e a ação em cada uma de suas partes – nações, estados, sociedades, cidades, empresas, indivíduos – se insere em um objetivo comum maior: a saúde do Planeta, da qual depende a saúde dos sistemas vivos e a própria vida humana. (Ribeiro, 2013, p. 253)

Afinal, como se viu, a questão da mobilidade horizontal é das mais urgentes e graves e demandará transformações profundas para que não continue a se agravar. Da mesma forma, a mobilidade vertical, aqui considerada como a redução dos diferenciais de padrão de vida entre os humanos e a diminuição das distâncias nessa dimensão, é essencial para que se possa reduzir a discriminação espacial e possibilitar deslocamentos em menor quantidade, mais curtos e mais saudáveis para as pessoas, individual e coletivamente. Criar e recriar processos pelos quais as distâncias se reduzam, tanto na dimensão horizontal quanto na vertical da mobilidade, de forma a ampliar a acessibilidade. Esse é o caminho, viável apesar de todas as bifurcações mal sinalizadas e armadilhas, para se construir maior acessibilidade com a mobilidade necessária.

> *O que vale na vida não é o ponto de partida e sim a caminhada.*
> *Caminhando e semeando, no fim terás o que colher.*
> Cora Coralina

BIBLIOGRAFIA

ACIDENTES ENVOLVENDO POSTES GERAM TRANSTORNOS PARA A CIDADE E POPULAÇÃO. Em *Globo.tv*, 28 jan. 2014. Disponível em: <http://globotv.globo.com/rede-globo/bom-dia-df/v/acidentes-envolvendo-postes-geram--transtornos-para-a-cidade-e-populacao/3107306/>. Acesso em: 8 abr. 2014.

AGÊNCIA NACIONAL DE PETRÓLEO, GÁS NATURAL E BIOCOMBUSTÍVEIS (ANP). *Anuário estatístico brasileiro do petróleo, gás natural e biocombustíveis 2013*. Rio de Janeiro: ANP, 2013. Disponível em: <http://www.anp.gov.br/?pg=66833Se_o_3>. Acesso em: 20 dez. 2013.

ÁLVARES JUNIOR, O. M. "A tecnologia veicular e o controle das emissões de gases de efeito estufa". Em *Revista dos Transportes Públicos*, ANTP, ano 35, 3º trim. 2012.

ALVES, M. "Detalhista, Alemanha fez observação até sobre o número de quebra-molas em rota para aeroporto". Em *ESPN.com.br*, 20 dez. 2013. Disponível em: <http://www.espn.com.br/noticia/377557_detalhista-alemanha-fez-observacao-ate-sobre--o-numero-de-quebra-molas-em-rota-para-aeroporto>. Acesso em: 26 dez. 2013.

ANDRADE, K. & KAGAYA, S. *Cycling in Japan and Great Britain: a Preliminary Discussion*. Sapporo: Hokkaido University, 2011. Disponível em: <http://www-sre.wu.ac.at/ersa/ersaconfs/ersa11/e110830aFinal01052.pdf>. Acesso em: 9 jan. 2014.

ANDREA MATARAZZO DISCUTE POLUIÇÃO SONORA EM SP. Em *Andrea Matarazzo*, 24 abr. 2013. Disponível em: <http://www.andreamatarazzo.com.br/noticias/andrea-matarazzo-discute-poluicao-sonora-em-sao-paulo>. Acesso em: 22 nov. 2013.

ARANTES, P. F. & FIX, M. "Minha Casa Minha Vida: o pacote habitacional de Lula". Em *Correio da Cidadania*, São Paulo, 30 jul. 2009. Disponível em: <www.correiocidadania.com.br/content/blogcategory/66/171>. Acesso em: 22 dez. 2013.

ARAÚJO, J. G. "Distribuição urbana e os efeitos das restrições de circulação nas grandes cidades". Em *Tecnologística*, ano XVII, nº 195, fev. 2012.

ASSOCIAÇÃO BRASILEIRA DE CONCESSIONÁRIAS DE RODOVIAS. Entrevista com Paulo Saldiva, s/d. Disponível em: <http://www.abcr.org.br/Conteudo/Noticia/2265/paulo+saldiva++medico+especialista+em+poluicao+atmosferica+e+professor+da+usp.aspx>. Acesso em: 11 abr. 2014.

ASSOCIAÇÃO BRASILEIRA DE EMPRESAS DE LIMPEZA PÚBLICA E RESÍDUOS ESPECIAIS. *Panorama dos resíduos sólidos no Brasil 2012*. São Paulo: Abrelpe, 2012. Disponível em: <http://www.abrelpe.org.br/panorama_apresentacao.cfm>. Acesso em: 25 jan. 2014.

ASSOCIAÇÃO NACIONAL DAS EMPRESAS DE TRANSPORTES URBANOS. *Desempenho e qualidade nos sistemas de ônibus urbanos*. Brasília: NTU, 2008.

_____. *Pesquisa Mobilidade da População Urbana*. Brasília: NTU, 2006. Disponível em: <http://www.ntu.org.br/novosite/arquivos/RelatorioMobilidade2006.pdf>. Acesso em: 23 jan. 2014.

ASSOCIAÇÃO NACIONAL DE TRANSPORTES PÚBLICOS. *Sistema de informação da mobilidade urbana – Relatório comparativo 2003-2011*. São Paulo: ANTP, 2012a. Disponível em: <http://www.antp.org.br/_5dotSystem/download/dcmDocument/2013/04/11/8757DC5C-2600-4326-977B-B784ACBDD4EF.pdf>. Acesso em: 20 jan. 2014.

_____. *Sistema de informação da mobilidade urbana – Relatório geral 2011*. São Paulo: ANTP, 2012b. Disponível em: <http://www.antp.org.br/_5dotSystem/userFiles/simob/relat%C3%B3rio%20geral%202011.pdf>. Acesso em: 20 jan. 2014.

AUSTIN, D. "The Taxi as Public Transportation". Em *Urbanophile*, 2 jun. 2011. Disponível em: <http://www.urbanophile.com/2011/06/02/the-taxi-as-public-transportation-by-drew-austin/>. Acesso em: 20 jan. 2014.

BÄCHTOLD, F. "Faixa de ciclistas dará lugar a vagas para carros no Rio Grande do Sul". Em *Folha de S.Paulo*, São Paulo, 14 dez. 2013. Disponível em: <http://www1.folha.uol.com.br/cotidiano/2013/12/1385604-faixa-de-ciclistas-dara-lugar-a-vagas-para-carros-no-rio-grande-do-sul.shtml>. Acesso em: 9 abr. 2014.

BARETTO, F. "Qual é o custo do lixo para as cidades?". Em *Global Garbage*, Hamburgo, 7 abr. 2010. Disponível em: <http://www.globalgarbage.org/blog/index.php/2010/04/07/qual-e-o-custo-do-lixo-para-as-cidades/>. Acesso em: 9 abr. 2014.

BASTOS, J. T. *et al.* "Geografia da mortalidade no trânsito no Brasil". Em *ANTT*, 4 (1-2), maio-nov. 2012.

BATISTA, Henrique Gomes & PAULA, Nice de. "Imposto sobre bicicletas no Brasil é de 40,5% contra 32% dos tributos sobre carros". Em *Globo.com*, 3 nov. 2013. Disponível em: <http://oglobo.globo.com/economia/imposto-sobre-bicicletas-no brasil-de-405-contra-32-dos-tributos-sobre-carros-10670326>. Acesso em: 11 abr. 2014.

BECKER, U. J.; BECKER, T.: GERLACH, J. *The True Costs of Automobility: External Costs of Cars. Overview on Existing Estimates*. Dresden: Technische Universität Dresden; The Greens-EFA, 2012. Disponível em: <http://www.greens-efa.eu/ fileadmin/dam/Documents/Studies/Costs_of_cars/The_true_costs_of_cars_ EN.pdf>. Acesso em: 9 abr. 2014.

BOBBY KENNEDY ON GDP: "MEASURES EVERYTHING EXCEPT THAT WHICH IS WORTHWHILE". Em *The Guardian*, Data Blog, 24 maio 2012. Disponível em: <http://www.theguardian.com/news/datablog/2012/may/24/ robert-kennedy-gdp>. Acesso em: 20 jan. 2014.

BÖHM, G. M. "Poluição atmosférica: como os principais poluentes provocam doenças". Em *Saúde Total*. Disponível em: <http://www.saudetotal.com.br/artigos/meio-ambiente/poluicao/spdoencpol.asp>. Acesso em: 16 abr. 2014.

BOLAND, R. "Hong Kong Pollution: Coming Clean about Hong Kong's Air Pollution". Em *About.com*, Nova York, s/d. Disponível em: <http://gohongkong.about.com/ od/healthandsaftey/a/ong_Kong_Pollution.htm>. Acesso em: 19 nov. 2013.

CANTO, R. "Carro: o cigarro do século XXI?". Em *Carta Capital*, São Paulo, 15 jan. 2014. Disponível em: <http://www.cartacapital.com.br/sustentabilidade/carro-o-cigarro-do-seculo-21-4760.html>. Acesso em: 10 abr. 2014.

CARAZZAI, E. H. "Ciclovias com falhas se espalham pelo país". Em *Folha de S.Paulo*, São Paulo, 14 dez. 2013. Disponível em: <http://www1.folha.uol.com.br/ cotidiano/2013/12/1385598-ciclovias-com-falhas-se-espalham-pelo-pais.shtml>. Acesso em: 10 abr. 2014.

CARVALHO, C. H. R. "Emissões relativas de poluentes do transporte motorizado de passageiros nos grandes centros urbanos brasileiros". Em *Texto para Discussão 1.066*, Ipea, abr. 2011.

CHADE, Jamil. "Rio tem mais poluição do ar que São Paulo, aponta OMS". Em *O Estado de S. Paulo*, São Paulo, 26 set. 2011. Disponível em: <http://www.estadao. com.br/noticias/cidades,rio-tem-mais-poluicao-do-ar-do-que-sao-paulo-aponta--oms,777728,0.htm>. Acesso em: 14 abr. 2014.

CLIMATEWIRE. "How the Dutch Make 'Room for the River' by Redesigning the Cities". Em *Scientific American*, 20 jan. 2002. Disponível em: <http://www.scienti-ficamerican.com/article.cfm?id=how-the-dutch-make-room-for-the-river>. Acesso em: 7 abr. 2014.

COMPANHIA AMBIENTAL DO ESTADO DE SÃO PAULO. *Emissões veiculares no Estado de São Paulo 2012*. Série Relatórios. São Paulo: Cetesb, 2013.

_____. *Poluição*, s/d. Disponível em: <http://www.cetesb.sp.gov.br/ar/Informa??es-B?sicas/21-Poluentes>. Acesso em: 15 abr. 2014.

_____. *Relatório de qualidade do ar*. São Paulo: Cetesb, 2012.

COMPANHIA NACIONAL DE ABASTECIMENTO. *Acompanhamento da safra brasileira – Grãos*, 1 (3), Terceiro Levantamento, Brasília, dez. 2013. Disponível em: <http://www.conab.gov.br/OlalaCMS/uploads/arquivos/13_12_10_16_06_56_boletim_portugues_dezembro_2013.pdf>. Acesso em: 21 dez. 2013.

COMPARATIVE SUBWAY CONSTRUCTION COSTS, REVISED. Em *Pedestrian Observations*, 6 mar. 2013. Disponível em: <http://pedestrianobservations.wordpress.com/2013/06/03/comparative-subway-construction-costs-revised/>. Acesso em: 10 abr. 2014.

CONFEDERAÇÃO NACIONAL DO TRANSPORTE/INSTITUTO DE PÓS-GRADUAÇÃO E PESQUISA EM ADMINISTRAÇÃO. *Transporte de cargas no Brasil: ameaças e oportunidades para o desenvolvimento do país*. Rio de Janeiro: CNT/Coppead, s/d.

CONFEDERAÇÃO NACIONAL DO TRANSPORTE/SERVIÇO SOCIAL DO TRANSPORTE/SERVIÇO NACIONAL DE APRENDIZÁGEM DO TRANSPORTE. *Pesquisa CNT de Rodovias 2013: Relatório Gerencial*. Brasília: CNT/SEST/SENAT: 2013. Disponível em: <http://pesquisarodovias.cnt.org.br/Paginas/index.aspx>. Acesso em: 11 abr. 2014.

CONSELHO NACIONAL DO MEIO AMBIENTE. *Resolução nº 5*, 1989. Disponível em: <http://www.mma.gov.br/port/conama/res/res89/res0589.html>. Acesso em: 11 abr. 2014.

CRUZ, E. P. "Descarte inadequado de pneus ainda representa grave problema ambiental no Brasil, diz pesquisador". Em *Agência Brasil*, Brasília, 4 jan. 2012. Disponível em: <http://memoria.ebc.com.br/agenciabrasil/noticia/2012-01-04/descarte-inadequado-de-pneus-ainda-representa-grave-problema-ambiental-no-brasil-diz-pesquisador>. Acesso em: 5 jan. 2014.

DA MATA, D. *et al.* "Um exame dos padrões de crescimento das cidades brasileiras". Em *Texto para Discussão 1.055*, Ipea, jan. 2006.

DEN BOER, E. "Helicopter Emissions: A Comparison with other Transport Modes". Em *CE Delft*, out. 2006. Disponível em: <http://www.cedelft.eu/publicatie/helicopter_emissions%3A_a_comparison_with_other_transport_modes/491?PHPSESSID=ad8353cb75ccfdf097561c2fc46a6f6a>. Acesso em: 10 abr. 2014.

DEPARTAMENTO NACIONAL DE TRÂNSITO. *Manual de procedimentos para o tratamento de polos geradores de tráfego*. Brasília: Denatran, 2001.

DEPETRIS, A. *Tecnologias para Proconve P7*. S/l.: Iveco Latin America/Fiat Industrial, 2011. Disponível em: <http://www.revistatransportemoderno.com.br/proconve_p7/fotos/FOTOS_proconve_p7/Palestras/iveço.pdf>. Acesso em: 18 dez. 2013.

DIAMOND, J. *Colapso: como as sociedades escolhem o fracasso ou o sucesso*. Rio de Janeiro: Record, 2005.

DUARTE, Róridan. "Afinal de contas, o que é um país rico?". Em *Economistas*, dez. 2013.

EMPRESA BRASILEIRA DE PESQUISA AGROPECUÁRIA. *Estudo mostra que etanol de cana emite menos gás carbônico para a atmosfera do que a gasolina*, 2009. Disponível em: <http://www.embrapa.br/imprensa/noticias/2009/marco/4a-semana/estudo-mostra-que-etanol-de-cana-emite-menos-gas-carbonico-para-a-atmosfera-do-que-a-gasolina/>. Acesso em: 11 abr. 2014.

ENVIRONMENT BUREAU/TRANSPORT AND HOUSING BUREAU/FOOD AND HEALTH BUREAU/DEVELOPMENT BUREAU. *A Clean Air Plan for Hong Kong*. Hong Kong, 2013. Disponível em: <http://www.enb.gov.hk/en/files/New_Air_Plan_en.pdf>. Acesso em: 19 nov. 2013.

FEDERAL TRANSIT ADMINISTRATION. "Flooded Bus Barns and Buckled Rails: Public Transportation and Climate Change Adaptation". Em *FTA Report*, nº 0001. Washington: FTA Office of Budget and Policy, 2011.

FILIPPI, F. *et al.* "Ex-ante Assessment of Urban Freight Transport Policies". Em *Procedia: Social and Behavioural Sciences*, 2 (3), 2010.

FINLÂNDIA CRIA SISTEMA DE TRANSPORTE QUE MESCLA TÁXI E ÔNIBUS. Em *Mobilize*, 4 dez. 2013. Disponível em: <http://www.mobilize.org.br/noticias/5467/finlandia-cria-sistema-de-transporte-que-mescla-taxi-e-onibus.html>. Acesso em: 21 jan. 2014.

FRANCE NATURE ENVIRONNEMENT. *Taxe kilómetrique poids lourds: enjeux et perspectives d'un outil au service d'une politique des transport durables*. S/l.: FNE, 2012.

_____. *Taxe kilómetrique poids lourds: les transporteurs ont la memoire courte*. S/l.: FNE, 2013. Disponível em: <http://www.fne.asso.fr/fr/taxe-kilometrique-poids-lourds-les-transporteurs-ont-la-memoire-courte.html?cmp_id=33&news_id=13373>. Acesso em: 29 dez. 2013.

FUSSY, Peter. "Gigante de carro compartilhado vê Brasil ainda despreparado". Em *Terra*, 1 set. 2013. Disponível em: <http://economia.terra.com.br/carros-motos/gigante-de-carro-compartilhado-ve-brasil-ainda-despreparado,0286c70f280d0410VgnVCM3000009acceb0aRCRD.html>. Acesso em: 11 abr. 2014.

FUTUREOFCARSHARING.COM. Disponível em: <http://futureofcarsharing.com>. Acesso em: 11 abr. 2014.

GAITÁN, C. C. "Urban Mobility: What can Latin America Learn from East Asia?". Em *United Nations University.edu*, Tóquio, 10 jun. 2013. Disponível em: <http://unu.edu/publications/articles/urban-mobility-what-can-latin-america-learn-from-east-asia.html>. Acesso em: 15 nov. 2013.

GARCIA, J. "Pequenos caminhões crescem mais que a frota total de SP e devem se tornar próximo problema do trânsito, dizem analistas". Em *UOL*, 27 mar. 2012. Disponível em: <http://noticias.uol.com.br/cotidiano/ultimas-noticias/2012/03/27/caminhoes-vuc-crescem-mais-que-a-frota-total-de-sp-e-devem--se-tornar-proximo-problema-do-transito-dizem-analistas.htm>. Acesso em: 27 mar. 2012.

GAROFANO, Rafael Roque. "Mitos e verdades acerca do 'pedágio urbano' na Lei nº 12.587, de 2012 (Lei federal da mobilidade)". Em *Ambito jurídico.com.br*, 2012.

GINKEL, H. V. "Urban Future". Em *Nature*, nº 456, 30 out. 2008.

GOVERNO DO DISTRITO FEDERAL. *Decreto nº 33.740, de 28 de junho de 2012*. Disponível em: <http://www.fazenda.df.gov.br/aplicacoes/legislacao/legislacao/TelaSaidaDocumento.cfm?txtNumero=33740&txtAno=2012&txtTipo=6&txtParte=.>. Acesso em: 15 abr. 2014.

GUIMARÃES, F. "A escola e a cidade". Em *Educação*, nº 196, ago. 2013. Disponível em: <http://revistaeducacao.uol.com.br/textos/196/a-escola-e-a-cidade-293557-1.asp>. Acesso em: 20 jan. 2014.

HEBERT, M. & WEBB, B. "Towards a Liveable Urban Climate: Lessons From Stuttgart". Em GOSSOP, C. & NAN, S. (orgs.). *Liveable Cities: Urbanising World*. Londres: Routledge, 2012.

HINDS, K. "NYC Trumpets 2012 Street Statistics: More Transit, Less Traffic". Em *WNYC*, Trasportation Nation, 5 set. 2013. Disponível em: <http://www.wnyc.org/story/316483-nyc-streets-safer/>. Acesso em: 7 dez. 2013.

INSTITUTO BRASILEIRO DE GEOGRAFIA E ESTATÍSTICA. *Censo 2010*. Disponível em: <http://censo2010.ibge.gov.br/>. Acesso em: 14 abr. 2014.

_____. *Pesquisa Nacional de Saneamento Básico 2008*. Rio de Janeiro: IBGE, 2010. Disponível em: <http://www.ibge.gov.br/home/estatistica/populacao/condicaodevida/pnsb2008/PNSB_2008.pdf>. Acesso em: 11 abr. 2014.

INSTITUTO BRASILEIRO DO MEIO AMBIENTE E DOS RECURSOS NATURAIS RENOVÁVEIS. *Proconve*, s/d. Disponível em: <http://www.mma.gov.br/port/conama/processos/1448F242/AnexoIII_Apresen_Proconve.pdf>. Acesso em: 17 dez. 2013.

INSTITUTO COPPE/Departamento das Nações Unidas para Assuntos Econômicos e Sociais. *Resumo das conclusões e recomendações – Reunião de especialistas sobre transporte urbano sustentável: opções de política para modernizar e tornar ecológica a frota de táxis nas cidades latino-americanas*. Rio de Janeiro: Coppe/UN DESA, 2011. Disponível em: <http://www.un.org/esa/dsd/susdevtopics/sdt_pdfs/meetings2011/egm201105/conclusionsport.pdf>. Acesso em: 20 jan. 2014.

INSTITUTO DE PESQUISA ECONÔMICA APLICADA. *Comunicados do Ipea*, nº 128. S/l.: Ipea, 2012. Disponível em: <http://www.ipea.gov.br/portal/images/

MEIO AMBIENTE & MOBILIDADE URBANA

stories/PDFs/comunicado/120106_comunicadoipea128.pdf>. Acesso em: 14 abr. 2014.

_____. *Comunicados do Ipea*, nº 161. S/l.: Ipea, 2013. Disponível em: <http://www.ipea.gov.br/portal/images/stories/PDFs/comunicado/131024_comunicadoipea161.pdf>. Acesso em: 15 abr. 2014.

_____. *Sistema de Indicadores de Percepção Social: mobilidade urbana*. S/l.: Ipea, 2011. Disponível em: <http://www.ipea.gov.br/portal/images/stories/PDFs/SIPS/110124_sips_mobilidade.pdf>. Acesso em: 16 abr. 2014.

INTERGOVERNMENTAL PANEL ON CLIMATE CHANGE. "Summary for Policymakers". Em STOCKER, T. F. *et al.* (orgs.). *Climate Change 2013: The Physical Science Basis. Contribution of Working Group I to the Fifth Assessment Report of the Intergovernmental Panel on Climate Change*. Cambridge/Nova York: Cambridge University Press, 2013.

INTRODUÇÃO. Em *Cetesb.sp.gov.br*, s/d. Disponível em: <http://www.cetesb.sp.gov.br/ar/Emiss%C3%A3o-Ve%C3%ADcular/9-Introdu%C3%A7%C3%A3o>. Acesso em: 16 dez. 2013.

KUMAR, A.; TEO, K. M.; ODONI, A. R. *A Systems Perspective of Cycling and Bike-Sharing Systems in Urban Mobility*. Cingapura: National University of Singapore/Cambridge: MIT, 2012.

LEITE, F. "Paulistano poderá emprestar bicicletas com bilhete único. Em *O Estado de S. Paulo*, São Paulo, 3 dez. 2013. Disponível em: <http://www.estadao.com.br/notícias/cidades,paulistano-podera-emprestar-bicicletas-com-bilhete-unico,1103921,0.htm>. Acesso em: 4 dez. 2013.

LEITE, Marcelo. "Ignorar sustentabilidade é um erro econômico, diz ex-vice-ministro alemão". Em *Folha de S.Paulo*, São Paulo, 2 nov. 2013. Disponível em: <http://www1.folha.uol.com.br/mercado/2013/11/1365578-vice-ministro-de-financas-da-alemanha-apoia-precificacao-do-carbono.shtml>. Acesso em: 11 abr. 2014.

LERNER, W. *et al. The Future of Urban Mobility: Towards Networked, Multimodal Cities of 2050*. S/l.: Arthur D. Little, 2011. Disponível em: <http://www.eltis.org/docs/tools/The_Future_of_Urban_Mobility.pdf>. Acesso em: 10 abr. 2014.

LOVELOCK, J. *A vingança de Gaia*. Rio de Janeiro: Intrínseca, 2006.

LOVINS, L. H. & COHEN, B. *Capitalismo climático: liderança inovadora e lucrativa para um crescimento econômico sustentável*. São Paulo: Cultrix, 2013.

LSE CITIES. "Urban Age Cities Compared". Em *LSECities.net*, Londres, 2011. Disponível em: <http://lsecities.net/media/objects/articles/urban-age-cities-compared/en-gb/>, Acesso em: 23 nov. 2013.

MACIEL, C. "Uso de telhado verde pode reduzir impactos de ilhas de calor". Em *Agência Brasil*, Brasília, 2013. Disponível em: <http://memoria.ebc.com.br/agenciabrasil/

noticia/2013-12-25/uso-de-telhado-verde-pode-reduzir-impactos-de-ilhas-de-calor>. Acesso em: 5 jan. 2014.

MAGALHÃES, D. J. A. V.; CASTRO, L. T.; MENDES, M. V. "Trânsito de veículos de cargas na região metropolitana de Belo Horizonte: ineficiências e soluções logísticas". Em Congresso de Ensino e Pesquisa em Transportes. *Anais…* Vitória: Anpet, 2009.

MAIRIE DE PARIS. "Direction de la Voirie et des Déplacements". Em *Les Deplacements à Vélo*, Paris, 2011. Disponível em: <www.paris.fr/viewmultimediadocument?multimediadocument-id=124205>. Acesso em: 4 dez. 2013.

MAISONNAVE, Fabiano. "Carro é o cigarro do futuro, diz urbanista e ex-prefeito de Curitiba". Em *Folha de S.Paulo*, São Paulo, 12 out. 2013. Disponível em: <http://www1.folha.uol.com.br/cotidiano/2013/10/1355282-carro-e-o-cigarro-do-futuro--diz-lerner.shtml>. Acesso em: 11 abr. 2014.

MARTENSSON, L. "Volvo's Environmental Strategy for Next Generation Trucks". Em *Proceedings of BESTUFS Conference – Truck Corporation*, Amsterdã, 2005.

McKIBBEN, B. "A New World". Em HEINBERG, R. & LERCH, D. (orgs.). *The Post Carbon Reader: Managing the 21st Century Sustainability Crisis*. Berkeley: University of California Press, 2010.

McLOUGHLIN, I. V. *et al.* "Campus Mobility for the Future: The Electric Bicycle". Em *Journal of Transportation Technologies*, vol. 2, 2012.

MINISTÈRE DE L'ÉCOLOGIE, DU DÉVELOPPEMENT DURABLE ET DE L'ÉNERGIE. *Questions réponses sur l'écotaxe poids lourds*, s/d. Disponível em: <http://www.developpement-durable.gouv.fr/-Questions-reponses-sur-l-ecotaxe-.html>. Acesso em: 14 abr. 2014.

MINISTÉRIO DA CULTURA. *Cultura em números*. 2ª ed. Brasília, 2010.

MINISTÉRIO DO MEIO AMBIENTE. Disponível em: <http://www.mma.gov.br/>. Acesso em: 11 abr. 2014.

_____. *1º Inventário Nacional de Emissões Atmosféricas por Veículos Automotores Rodoviários*. Brasília, 2011.

MINISTÉRIO DOS TRANSPORTES/MINISTÉRIO DAS CIDADES. *Plano setorial de transportes e de mobilidade urbana para mitigação e adaptação à mudança do clima*. Brasília, 2013.

MIOTTO, R. "Número de mortes em acidente com moto sobe 263,5% em 10 anos". Em *G1*, 2 jun. 2013. Disponível em: <http://m.g1.globo.com/carros/motos/noticia/2013/06/numero-de-mortes-em-acidente-com-moto-sobe-2635-em-10-anos.html>. Acesso em: 8 jan. 2014.

MOBILIDADE URBANA É COMPROMISSO SOCIAL E ECONÔMICO, AFIRMA DILMA AO ANUNCIAR INVESTIMENTOS EM MINAS. Em *Blog do Planalto*, 17 jan. 2014. Disponível em: <http://blog.planalto.gov.br/

ao-vivo-anuncio-de-investimentos-do-pac-2-em-belo-horizonte/>. Acesso em: 26 dez. 2013.

MONTEIRO, A. "Prejuízo com ataques a ônibus em SP pode chegar a R$ 8,5 milhões". Em *Folha de S.Paulo*, São Paulo, 25 jan. 2014a. Disponível em: <http://www1. folha.uol.com.br/cotidiano/2014/01/1402703-prejuizo-com-ataques-a-onibus-em-sp-pode-chegar-a-r-85-milhoes.shtml>. Acesso em: 11 abr. 2014.

_____. "São Paulo vai adotar parquímetro eletrônico na Zona Azul". Em *Folha de S.Paulo*, São Paulo, 6 jan. 2014b. Disponível em: <http://www1.folha.uol.com.br/cotidiano/2014/01/1393687-sao-paulo-vai-adotar-parquimetro-eletronico-na-zona-azul.shtml>. Acesso em: 6 jan. 2014.

MOSS, M. L. & O'NEILL, H. *Urban Mobility in the 21st Century: A Report for the NYU BMW i Project on Cities and Sustainability*. Nova York: NYU Rudin Center for Transportation Policy; Appleseed, 2012. Disponível em: <http://wagner.nyu.edu/files/rudincenter/NYU-BMWi-Project_Urban_Mobility_Report_November_2012.pdf>. Acesso em: 21 dez. 2013.

MOTORISTAS ENFRENTAM CONGESTIONAMENTO RECORDE EM SP; TRÂNSITO É LENTO NAS ESTRADAS PAULISTAS. Em *UOL*, 14 nov. 2013. Disponível em: <http://noticias.uol.com.br/cotidiano/ultimas-noticias/2013/11/14/motoristas-enfrentam-congestionamento-na-capital-e-nas--estradas-que-levam-ao-litoral-e-interior-de-sp.htm>. Acesso em: 26 dez. 2013.

MOTTA, R. A.; SILVA, P. C. M.; JACQUES, M. A. P. "Análise de indicadores de segurança viária nos níveis local, estadual, nacional e internacional". Em *Revista dos Transportes Públicos*, nº 128, ago. 2013.

NAIM, M. *O fim do poder: nas salas da diretoria ou nos campos de batalha, em igrejas ou estados, por que estar no poder não é mais o que costumava ser?* São Paulo: LeYa, 2013.

NEW YORK CITY DEPARTMENT OF TRANSPORTATION. *The New York City Pedestrian Safety Study and Action Plan – August 2010*. Nova York: NYCDOT, 2010. Disponível em: <http://www.utrc2.org/sites/default/files/pubs/nyc_ped_safety_study_action_plan1.pdf>. Acesso em: 7 dez. 13.

_____. *Curbside Public Seating Platforms Sponsored by Local Businesses*. Pilot Program Evaluation Report, 2011. Disponível em: <http://www.nyc.gov/html/dot/downloads/pdf/curbside-seating_pilot-evaluation.pdf>. Acesso em: 10 abr. 2014.

NÓBREGA, Felipe. "Venda de automóveis blindados deve ser recorde em 2013". Em *Folha de S.Paulo*, São Paulo, 1 dez. 2013. Disponível em: http://classificados.folha.uol.com.br/veiculos/2013/12/1378788-venda-de-automoveis-blindados-deve-ser-recorde-em-2013.shtml. Acesso em: 16 abr. 2014.

OBSERVATÓRIO CIDADÃO/REDE NOSSA SÃO PAULO. TRANSPORTE/MOBILIDADE URBANA. *Nossa São Paulo*, São Paulo, s/d. Disponível em: <http://www.nossasaopaulo.org.br/observatorio/regioes.php?regiao=33&tema=13&indicador=113>. Acesso em: 8 nov. 2013.

OLIVEIRA, A. G. *Estádio do Corinthians: um novo polo gerador de tráfego e seus impactos no trânsito da região*. Trabalho de conclusão de curso. São Paulo: Faculdade de Tecnologia da Zona Leste, 2012.

ORGANIZAÇÃO PARA A COOPERAÇÃO E O DESENVOLVIMENTO ECONÔMICO/INTERNATIONAL TRANSPORT FORUM. *Transport Outlook 2011: Meeting the Needs of 9 Billion People*. Disponível em: <http://www.internationaltransportforum.org/pub/pdf/11Outlook.pdf>. Acesso em: 10 abr. 2014.

ORRICO FILHO, Rômulo Dante *et al.* "Produtividade e competitividade na regulamentação do transporte urbano: nove casos brasileiros". Em *Transporte & Movimento*, Brasília, 2013.

OTONI, Isadora. "Moradores de ocupação protestam na estrada M'Boi Mirim". Em *Spresso*, 10 jan. 2014. Disponível em: <http://spressosp.com.br/2014/01/moradores-de-ocupacao-protestam-na-estrada-mboi-mirim/>. Acesso em: 8 abr. 2014.

PARASURAMAN, S. "Uncovering the Myth of Urban Development". Em *LSECities. net*, Londres, nov. 2007. Disponível em: <http://lsecities.net/media/objects/articles/uncovering-the-myth-of-urban-development/en-gb/>. Acesso em: 3 dez. 2013.

PARKER, A. "Green Products to Help Move the World beyond Oil: Power Assisted Bicycles". Em Annual Conference of the Australia and New Zealand Solar Energy Society. *Proceedings...* Melbourne: ANZSES, 1999. Disponível em: <http://solar.org.au/papers/99papers/PARKER.pdf>. Acesso em: 23 nov. 2013.

PARSONS, S. "IMF Experts and Others Envision a World without Energy Subsidies". Em *World Resources Institute*, Blog, Washington, 4 out. 2013. Disponível em: <http://www.wri.org/blog/imf-experts-and-others-envision-world-without-energy--subsidies>. Acesso em: 28 nov. 2013.

PEETIJADE, C. & BANGVIWAT, A. "Empty Truck Runs in Bangkok Area: Towards Sustainable Transportation". Em *International Journal of Trade, Economics and Finance*, 3 (2), abr. 2012.

PEGURIER, E. "O custo invisível do lixo". Em *O Eco*, 23 out. 2004. Disponível em: <http://www.oeco.org.br/eduardo-pegurier/17117-oeco_10608>. Acesso em: 10 nov. 2013.

PEREIRA, Rafael Henrique Moraes & SCHWANEN, Tim. "Tempo de deslocamento casa-trabalho no Brasil (1992-2009): diferenças entre regiões metropolitanas, níveis de renda e sexo". Em *Texto para Discussão 1.813*, Ipea, 2013.

POLÊMICAS DA MOBILIDADE URBANA II. Em *Naganuma*, 18 jan. 2014. Disponível em: <http://www.naganuma.com.br/artigos-publicados/51-jornal-a--gazeta-do-acre/193-polemicas-da-mobilidade-urbana-ii.html>. Acesso em: 20 jan. 2014.

PREFEITURA DE SÃO PAULO, 2013. Disponível em <http://www.prefeitura.sp.gov.br/cidade/secretarias/meio_ambiente/inspecao_veicular/sobre_o_programa/index.php?p=101> Acesso em: 21 dez. 2013.

MEIO AMBIENTE & MOBILIDADE URBANA

PRESERVATION INSTITUTE. "Removing Freeways – Restoring Cities. Seoul, South Korea, Cheonggye Freeway". Em *Preservation Institute*, 2007. Disponível em: <http://www.preservenet.com/freeways/FreewaysCheonggye.html>. Acesso em: 7 dez. 2013.

PRESIDÊNCIA DA REPÚBLICA, CASA CIVIL. *Lei nº 6.766, de 19 de dezembro de 1979*. Disponível em: <http://www.planalto.gov.br/ccivil_03/leis/L6766.htm>. Acesso em: 7 abr. 2014.

_____. *Lei nº 6.938, de 31 de agosto de 1981*. Disponível em: <http://www.planalto.gov.br/ccivil_03/leis/L6938.htm>. Acesso em: 10 abr. 2014.

_____. *Lei nº 10.257, de 10 de julho de 2001*. Disponível em: <http://www.planalto.gov.br/ccivil_03/leis/LEIS_2001/L10257.htm>. Acesso em: 15 abr. 2014.

_____. *Lei nº 12.009, de 29 de julho de 2009*. Disponível em: <http://www.planalto.gov.br/ccivil_03/_ato2007-2010/2009/lei/l12009.htm>. Acesso em: 8 abr. 2014.

_____. *Lei nº 12.587, de 3 de janeiro de 2012*. Disponível em: <http://www.planalto.gov.br/ccivil_03/_ato2011-2014/2012/lei/l12587.htm>. Acesso em: 13 nov. 2013.

RIBEIRO, M. A. *Meio ambiente & evolução humana*. Série Meio Ambiente, nº 19. São Paulo: Editora Senac São Paulo, 2013.

ROCHA, C. H.; RONCHI, R. D. C.; MOURA, G. A. "Custos externos subjacentes à atual frota autônoma de caminhões do Brasil: um estudo empírico". Em *ANTT*, vol. 3, maio-nov. 2011.

ROCKSTROM, J. *et al.* "Planetary Boundaries: Exploring the Safe Operating Space for Humanity". Em *Ecology and Society*, 14 (2), 2009. Disponível em: <http://www.ecologyandsociety.org/vol14/iss2/art32/>. Acesso em: 10 set. 2012.

ROTAS DE VOOS TURÍSTICOS NO RIO SÃO ALTERADAS PARA DIMINUIR POLUIÇÃO SONORA CAUSADA POR HELICÓPTEROS. Em *Agência Brasil*, Brasília, 24 jul. 2012. Disponível em: <http://agenciabrasil.ebc.com.br/noticia/2012-07-24/rotas-de-voos-turisticos-no-rio-sao-alteradas-para-diminuir-poluicao-sonora-causada-por-helicopteros>. Acesso em: 22 nov. 2013.

SANT'ANNA, C. "Depois da morte da menina Giovana, GDF começa a rodar com transporte escolar próprio". Em *Brasília por Chico Sant'Anna*, Brasília, 16 nov. 2013. Disponível em: <http://chicosantanna.wordpress.com/2013/11/16/exclusivo-depois-da-morte-da-menina-giovana-gdf-comeca-a-rodar-com-transporte-escolar-proprio/>. Acesso em: 20 jan. 2014.

SANTOS, J. L. C. *Desafios para a mobilidade da região metropolitana de Salvador – Bahia*. Trechos do trabalho apresentado no 4º Congresso de Infraestrutura de Transportes. Salvador, 2010. Disponível em: <http://www.nossasalvador.org.br/site/colunas/153-desafios-para-a-mobilidade-da-regiao-metropolitana-de-salvador--bahia>. Acesso em: 23 jan. 2014.

SÃO PAULO ULTRAPASSA NY E TEM MAIOR FROTA DE HELICÓPTEROS DO MUNDO. Em *Veja*, 19 ago. 2013. Disponível em: <http://veja.abril.com.br/noticia/economia/sao-paulo-ultrapassa-ny-e-tem-maior-frota-de-helicopteros-do-mundo>. Acesso em: 10 abr. 2014.

SAÚDE TOTAL, s/d. Disponível em: <http://www.saudetotal.com.br/artigos/meioambiente/poluicao/spdoencpol.asp>. Acesso em: 13 dez. 2013.

SENADO FEDERAL. *Em Discussão!*, 4 (18), nov. 2013.

SENATE DEPARTMENT FOR URBAN DEVELOPMENT AND THE ENVIRONMENT. *New Cycling Strategy for Berlin*. Berlim: Senate Department for Urban Development and the Environment, 2011. Disponível em: <http://www.stadtentwicklung.berlin.de/verkehr/politik_planung/rad/strategie/download/radverkehrsstrategie_senatsbeschluss_en.pdf>. Acesso em: 13 dez. 2013.

SILVA, A. N. R.; BALASSIANO, R.; SANTOS, M. P. S. *Global Taxi Schemes and Their Integration in Sustainable Urban Transport Systems*, 2011. Paper apresentado no Expert Group Meeting on Sustainable Urban Transport: Modernizing and "Greening" Taxi Fleets in Latin American Cities, Rio de Janeiro, 2011. Disponível em: <http://sustainabledevelopment.un.org/content/documents/synthesispaper.pdf>. Acesso em: 20 jan. 2014.

SILVA, S. S. Apresentação no Centro de Estudos Estratégicos da Câmara dos Deputados, out. 2013.

SINGER, P. "O Plano Diretor de São Paulo 1989-1992: a política do espaço urbano". Em RIOS MAGALHÃES, M. C. (org.). *Na sombra da cidade*. São Paulo: Escuta, 1995.

SOARES, L. H. B. *et al.* Mitigação das emissões de gases de efeito estufa pelo uso do etanol de cana-de-açúcar produzido no Brasil. Em *Circular Técnica*, nº 27, Rio de Janeiro, abr. 2009.

SPERLING, D. & GORDON, D. "Two Billion Cars: Transforming a Culture". Em *TE News*, nº 259, nov.-dez. 2008. Disponível em: <http://onlinepubs.trb.org/onlinepubs/trnews/trnews259billioncars.pdf>. Acesso em: 10 abr. 2014.

SPIGLIATTI, S. "Custo do SUS com acidente de motociclistas sobe 113% em três anos". Em *O Estado de S. Paulo*, São Paulo, 20 jun. 2012. Disponível em: <http://www.google.com.br/search?client=safari&rls=en&q=Custo+do+SUS+com+acidente+de+motociclistas+sobe+113%25+em+três+anos&ie=UTF-8&oe=UTF-8&gws_rd=cr&ei=DwnNUrjNOumqsASM9oHgDQ>. Acesso em: 7 jan. 2014.

STIGLITZ, J. E.; SEN, A.; FITOUSSI, J. P. *Report by the Commission on the Measurement of Economic Performance and Social Progress*. Paris: CMEPSP, 2009. Disponível em: <http://www.stiglitz-sen-fitoussi.fr/documents/rapport_anglais.pdf>. Acesso em: 5 fev. 2013.

SWEEZY, P. M. "Cars and Cities". Em *Monthly Review*, 24 (11), abr. 1973.

MEIO AMBIENTE & MOBILIDADE URBANA

TECHNOLOGY IS CHANGING THE FACE OF PUBLIC TRANSPORTATION. Em *Community Transit*, s/d. Disponível em: <http://www.commtrans.org/projects/transittechnology/>. Acesso em: 14 abr. 2014.

TIWARI, G. & HIMANI, J. "Bicycles in Urban India". Em *Urban Transport Journal*, 7 (2), 2008.

TOMTOM INTERNATIONAL BV. *TomTom Americas Traffic Index*, 2013. Disponível em: <http://www.tomtom.com/lib/doc/trafficindex/2013-1101%20TomTomTrafficIndex2013Q2AME-mi.pdf>. Acesso em: 6 dez. 2013.

TOP 10 COUNTRIES WITH MOST BICYCLES PER CAPITA. Em *Top10Hell*, 14 mar. 2011. Disponível em: <http://top10hell.com/top-10-countries-with-most--bicycles-per-capita/>. Acesso em: 23 nov. 2013.

TORRES, P. H. "Os custos por trás do IPI reduzido dos automóveis". Em *Gusmão*, 13 nov. 2013. Disponível em: <http://ogusmao.com/2013/11/13/os-custos-por-tras--do-ipi-reduzido-dos-automoveis/>. Acesso em: 8 abr. 2014.

TOWARD SUSTAINABLE MOBILITY, 2005. Disponível em: <http://www.toyota--global.com/sustainability/report/sr/05/pdf/so_05.pdf>. Acesso em: 16 abr. 2014.

TRANSLINK. *Managing the Transit Network: Primer on Key Concepts*, 2012. Disponível em: <http://www.translink.ca/~/media/documents/plans_and_projects/managing_the_transit_network/managing_the_network_primer.ashx>. Acesso em: 10 abr. 2014.

TSAI, S. & HERRMANN, V. "Rethinking Urban Mobility: Sustainable Policies for the Century of the City". Em *Carnegie Endowment for Peace*, jul. 2013. Disponível em: <http://carnegieendowment.org/2013/07/31/rethinking-urban-mobility-sustaina-ble-policies-for-century-of-city/ggzk>. Acesso em: 24 nov. 2013.

TUCCI, C. E. M. "Água no meio urbano". Em REBOUÇAS, A. da C.; BRAGA, B.; TUNDISI, J. G. *Águas doces no Brasil*. São Paulo: Escrituras, 1997.

TUROLLO JUNIOR, R. "Em 1 mês, SP ganha acampamento com 8.000 famílias de sem-teto". Em *Folha de S.Paulo*, São Paulo, 8 jan. 2014. Disponível em: <http://www1.folha.uol.com.br/cotidiano/2014/01/1394702-em-1-mes-sp-ganha-acam-pamento-com-8000-familias-de-sem-teto.shtml>. Acesso em: 10 abr. 2014.

TUTTLE, B. "The Great Debate: Do Millennials Really Want Cars, or Not?". Em *Time*, 29 ago. 2013. Disponível em: <http://business.time.com/2013/08/09/the-great-debate-do-millennials-really-want-cars-or-not/>. Acesso em: 10 abr. 2014.

UNIÃO EUROPEIA. *Official Journal of the European Union*, 2009. Disponível em: <http://eur-lex.europa.eu/LexUriServ/LexUriServ.do?uri=OJ:L:2009:140:0063:008:en:PDF>. Acesso em: 20 dez. 2013.

UNITED NATIONS HUMAN SETTLEMENTS PROGRAMME. *Planning and Design for Sustainable Urban Mobility*. Nairóbi/Oxford: UN-Habitat/

Routledge, 2013. Disponível em: <http://www.unhabitat.org/pmss/listItemDetails. aspx?publicationID=3499>. Acesso em: 4 nov. 13.

UNITED STATES ENVIRONMENTAL PROTECTION AGENCY. *The Benefits and Costs of the Clean Air Act from 1990 to 2020: Summary Report.* Washington: EPA, 2011. Disponível em: <http://www.epa.gov/oar/sect812/feb11/summaryreport. pdf>. Acesso em: 19 dez. 2013.

_____. "The Clean Air Act and the Economy". Em *EPA.gov*, Washington, 2013. Disponível em: <http://www.epa.gov/air/sect812/economy.html>. Acesso em: 19 dez. 2013.

US DEPARTMENT OF TRANSPORTATION. *Transportation's Role in Reducing U.S. Greenhouse Gas Emissions – Volume 1: Synthesis Report.* Washington: DOT, 2010. Disponível em: <http://ntl.bts.gov/lib/32000/32700/32779/DOT_Climate_ Change_Report_-_April_2010_-_Volume_1_and_2.pdf>. Acesso em: 22 dez. 2013.

VAN ESSEN, Huib *et al. An Inventory of Measures for Internalising External Costs in Transport.* Bruxelas: European Commission/ Directorate-General for Mobility and Transport, 2012. Disponível em: <http://ec.europa.eu/transport/themes/sustai-nable/studies/doc/2012-11-inventory-measures-internalising-external-costs.pdf>. Acesso em: 16 abr. 2014.

VASCONCELOS, E. A. "O custo social da motocicleta no Brasil". Em *Revista dos Transportes Públicos*, ano 30-31, 3º-4º trim. 2008.

VILLAÇA, F. *As ilusões do Plano Diretor*, 2005. Disponível em: <http://www.flaviovilla-ca.arq.br/pdf/ilusao_pd.pdf>. Acesso em: 6 nov. 2013.

VODAPLAN. *The Average Car is Used Only One Hour Per Day.* Vodaplan, s/d. Disponível em: <http://vodaplan.com/2012/02/the-average-car-is-used-only-one--hour-per-day/>. Acesso em: 29 jan. 2014.

WACKERNAGEL, M.; REES, W.; TESTEMALE, P. *Our Ecological Footprint: Reducing Human Impact on the Earth.* Gabriola Island: New Society, 1998.

WARBURG, N. *et al. Elaboration selon les principes des ACV des bilans energetiques, des emissions de gaz a effet de serre et des autres impacts environnementaux induits par l'ensemble des filieres de vehicules electriques et de vehicule thermiques, VP de Segment B (Citadine Polyvalent) et VUL a l'horizon 2012 et 2020.* Angers: Agence de l'Environnement et de la Maîtrise de l'Énergie, 2013.

ZIEGLER, M. F. "Caminhões de lixo são os que mais emitem dióxido de carbono". Em *Portal IG*, Último Segundo, São Paulo, 21 out. 2011. Disponível em: <http:// www.abetre.org.br/imprensa/caminhoes-de-lixo-sao-os-que-mais-emitem-dioxido--de-carbono-1>. Acesso em: 14 dez. 2013.

ZIELINSKI, S. "New Mobility: the Next Generation of Sustainable Urban Transportation". Em UNITED NATIONS HUMAN SETTLEMENTS PROGRAMME. *Planning and Design for Sustainable Urban Mobility.* Nairóbi/

Oxford: UN-Habitat/Routledge, 2013. Disponível em: <http://www.unhabitat. org/pmss/listItemDetails.aspx?publicationID=3499>. Acesso em: 4 nov. 2013.

ZURBRÜGG, C. *Urban Solid Waste Management in Low-income Countries of Asia: How to Cope with the Garbage Crisis*, 2002. Trabalho apresentado no Scientific Committee on Problems of the Environment (Scope), Durban, 2002. Disponível em: <http:// slunik.slu.se/kursfiler/TN0280/20155.0910/Zurbrugg_waste_dev_.pdf>. Acesso em: 10 nov. 2013.

SOBRE O AUTOR

EDUARDO FERNANDEZ SILVA

Mineiro, é economista, com especialização em desenvolvimento urbano e mestrado em economia pelo Institute of Social Studies, em Haia, Holanda. Atuou como técnico na Fundação João Pinheiro, em Minas Gerais, e em outros órgãos do governo estadual. Foi secretário de Estado adjunto de Trabalho e Ação Social e secretário de Estado de Assuntos Metropolitanos de Minas Gerais. Em Brasília, foi diretor geral do Serviço Social do Transporte (Sest) e do Serviço Nacional de Aprendizagem do Transporte (Senat). Foi professor na Universidade Federal de Minas Gerais (UFMG), na Universidade Católica de Brasília (UCB) e na Fundação Getulio Vargas (FGV) da capital federal, tendo trabalhos publicados no Brasil e no exterior. É consultor legislativo da Câmara dos Deputados desde 2003. Em abril de 2014, assumiu a direção da Consultoria Legislativa.